金商道

*The positive thinker sees the invisible, feels the intangible,
and achieves the impossible.*

惟正向思考者，能察於未見，感於無形，達於人所不能。 —— 佚名

財務報表，
中小企業賺錢神器

唐恩・富托普勒—— 著
Dawn Fotopulos

Accounting for
the numberphobic
A survival guide for small business owners

獻給凱薩琳，
妳永遠找得到
激勵我奮鬥的話語。

目 錄

前　言｜**數字不是來嚇你，是來幫你──**
數字恐懼者有救了！　017
- 小公司是因為資金不足才失敗？錯！
- 如何閱讀這本書
- 為什麼你該聽我的？
- 你將學到的事

第 1 課｜**你的財務儀表板──**
損益表・現金流量表・資產負債表　027
- 損益表
- 現金流量表
- 資產負債表
- 第 1 課重點整理

第 2 課｜**損益表──**
提升利潤的關鍵　045
- 損益表中的細項
- 經營標竿
- 第 2 課重點整理

推薦序

一本適合創業家的財務書

林明樟（MJ）

如果一輩子創業家只能讀一本財務書籍，那就請讀這一本吧！

創業，就是某一天，你的靈魂不經意的走在斷崖上，為了某個原因或是一個夢想，突然領著你的身體縱身一跳，這才驚覺：創業好難，真的超級難。

跳下斷崖後，才發現除了膽識外，不管硬實力、軟實力好像什麼都缺，然後缺什麼就補什麼，手忙腳亂一陣子後，才恍然大悟自己正在急速下跌中（錢居然快燒完了！），於是使出渾身解數，想盡辦法在落地陣亡前，讓自己飛起來（活下去）。

好不容易熬過創業的死亡之谷，漸入佳境，開始擴大投資：買廠房買設備、請了一批又一批的高手，設計了很多新產品，大家一起殺價取得更大的市場，突然有一天發現生意做這麼大，薪水卻發不出來，常常跑三點半，到處向朋友借錢周轉……一直搞不清楚為什麼 「生意越好，現金越少」！少到公司都快經營不下去了，心想：一定是財會人員沒有做好自己的本分，才讓公司的帳務一團亂……（其實是老闆自己沒有正確的財務思維）。

上述的場景是近年來接觸數百位創業家學員，交流後多數人的心路歷程；創業確實可以實現自己的夢想，但，也是九死一生的高風險選擇。

創業就像開著一架飛機，帶著一群機組人員 （團隊），前往自己心中追

尋的那塊聖地，每個人的目的地不同，但相同的是：都需要一架「飛得起來的飛機」（獲利模式）讓您持續前進。

飛行時，除了仰仗機師（老闆）的技能外，更重要的是協助方向判斷與機況的儀表板；少了儀表板的指引，就像在濃霧中盲目飛行，完全看不到方向，容易失速或因油料、高度不足發生墜機憾事。

財務報表，剛好就是事業經營的儀表板，例如：

公司到底「賺不賺」錢？？您可以看看「損益表」；

公司到底「夠不夠」錢？您可以看看「現金流量表」；

公司到底「值不值」錢？您可以看看「資產負債表」。

如果您想了解更細一點，還可以看看：

這是不是一門好生意？「毛利率」；

有沒有賺錢的真本事？「營業利益率」；

燒錢的速度會不會太快？「總資產周轉率」；

公司的氣長不長？「營業活動現金流量」；

您欠的債能不能還？「償債能力」；

銀行願不願意借你錢？「財務結構」……等等細節。

這個世界有很多財會專家，但很少有人能寫出一本適合創業家閱讀的財務書籍。

我是一位連續創業家，也是兩岸跨國上市公司的職業財報講師，近幾年出

了幾本不同主題的財務書籍，承蒙讀者與學生的厚愛與支持，個人拙著累計銷量超過十萬本。您可以跳過拙著，但一定不能錯過這本好書《財務報表，中小企業賺錢神器》！

身為創業家，我深知每天在市場火裡來水裡去，到處求生、求發展的中小企業主，長年睡眠不足，根本沒有時間讀書，但財務知識卻是必要且絕對有用的知識之一，如果每個創業家只能讀一本財務書，MJ 五星真誠推薦您：那就讀這一本吧！書中分享的各種財務思維與很接地氣的表達方式，一定能為您的事業帶來意想不到的助力。祝福各位中小企業的老闆們，閱讀愉快、事業順心！

（本文作者為連續創業家暨兩岸跨國企業爭相指名的財報講師）

推薦序
事業經營，必須懂財務報表

鄭惠方

　　因為工作的緣故，我有許多機會接觸各行各業的中小企業主。許多中小企業的發展歷程有著相似的軌跡：事業發展初期，企業主著重的是業務與行銷，希望打造爆品或令人驚豔的服務，首要目標是力求生存並做出一些銷售成績（營收）。漸漸地，企業主感覺忙了半天卻沒有賺到錢（但對於「賺錢」的具體內涵卻可能含糊不清或不一致，可能指現金、營收、毛利、營業利益或淨利），或是只知道帳戶裡還有沒有錢（現金），而不清楚公司是否賺錢（淨利）。只有片面零散的資訊，對企業的經營現況總是一知半解，隨著企業逐漸成長，企業主對於公司狀況更是越來越無法掌握，開始面臨事業的瓶頸。

　　被譽為「經營之聖」的日本企業家稻盛和夫曾說過：「不懂會計，就不會經營」，他認為經營者除了必須掌握公司的實際經營狀況外，還必須做出正確判斷，而要做到這兩件事就必須看得懂財務報表。

　　財務報表，是企業經營的儀表板，將日常商業交易或營運活動的記錄，以系統性的方式、數字的形式，精煉之後呈現出來。看懂財務報表，就看懂了事業經營的全貌。有為的企業主會進一步分析，並積極開展經營管理作為。

　　本書以企業主的觀點，談論財務報表，除了介紹損益表、現金流量表及資產負債表等財務報表的內涵外，更進一步教導企業主如何運用財務報表於企業

管理，改善企業財務結構。例如：提升毛利的方法、改變價格結構、運用損益平衡點、訂定應收帳款政策、開立請款單的策略等，本書不但具備學理，更兼具企業管理的實務，值得中小企業主們品讀並實際運用於企業經營中。

（本文作者為惠譽會計師事務所主持會計師）

導言

用財務報表管理生存風險，邁向獲利康莊大道

羅澤鈺

　　一般有關於財務報表的書，大致分為兩類。第一類是會計學參考書，有完整的架構與複雜的敘述，主要供學生使用。第二類供投資人鑽研個股之用，主要偏重在上市、上櫃公司財務報表的分析，這類公司的特徵，股本最少也有幾億元，台灣 50、中型 100 的成分股，股本有的更達 100 億元以上。

　　然而，就經濟部的資料，截至 104 年 8 月，我國全部公司家數共有 64.8 萬家，商號 81.5 萬家。其中，公開發行公司（含上市、上櫃公司）僅有 2,192 家，占 0.15%，非公開發行企業總計 146 萬家，占 99.85%。由上面的數字我們可以明確的知道，中小企業所占的比重最大。

　　實際上，有更多的中小企業主、創業家、經理人、業務、行銷、會計人員、相關的銀行徵授信人員，對於中小企業財務報表的學習有強烈的需求。這也正好是過去這兩大類的財務報表書籍無法完全填補的缺口。

　　在台灣，我們常常可以看到，周遭的店家、辦公室花了大手筆裝潢，沒多久，一家家嶄新的店面、櫥窗、櫃檯展示在我們眼前，初期還能見到排隊長龍、訂單熱潮，過了開業嘗鮮期，業績急轉直下，再沒多久，店家又再換老闆，又再重新裝潢一次，一直周而復始的循環下去……

大家心中可能都會產生共同的疑惑：為何第一次當老闆、追求開店小確幸的年輕人，或是轉換職涯跑道、從員工變老闆的中年人，滿懷著理想抱負、雄心壯志，花了大筆金額裝潢，甚至申請了金額不小的創業貸款，卻只有不到半數的人能創業成功呢？

這本中小企業求生指南《財務報表，中小企業賺錢神器》就是上面這個問題的最佳解答。財務報表的書不少，從這些書大家可以獲得「知識」。但這本書，以經營者的角度切入，寫實地描述中小企業所面臨的生存風險，讓中小企業相關人士能夠透過本書得到足夠的「智慧」來運用財務報表，以辨識出商機，管理企業的風險。

如果以開車為例，第一類的會計學參考書如同考駕照的參考書，讓我們能夠獲得知識、取得駕照；第二類的財報分析書，讓我們看懂上市、上櫃公司的財務儀表板，學習到職業選手如何開車。而《財務報表，中小企業賺錢神器》，帶領我們了解財務儀表板上的三種儀表：車速表（損益表）、油量表（現金流量表）、油壓表（資產負債表），更神奇的是，擁有 20 年協助中小型企業轉虧為盈豐富經驗的本書作者，直接利用這三種儀表，就可以帶領讀者親自上路。

一般傳統的會計書籍，介紹這三種儀表的順序通常為：資產負債表、損益表、現金流量表。但本書為企業經營實戰生存指南，第 1 課介紹財務儀表板上的三種儀表，順序調整為：損益表、現金流量表、資產負債表。更讓我們感受到三種儀表運用上的動態感，與企業的經營是完全緊密相連的。

第 2 課至第 3 課介紹「車速表」——損益表，說明損益表的組成要素，並以製造業、服務業的多個案例來說明我們如何利用損益表來提升毛利、提高售價並維持銷售量、多元化開發客戶群……最後邁向利潤。

如果您想告別虧損、反敗為勝，第 4 課更是中小企業必讀的重點，讓您知道如何找出企業的損益兩平點，以及行銷費用如何做取捨。

第 5 課到第 6 課介紹最重要的「油量表」——現金流量表，您將學會現金流的重要性、如何做好現金預算、如何避免燒錢陷阱、如何管理現金流入、如何管理現金流出。其中，學會如何訂出應收帳款政策以及請款的策略，更是中小企業避免在有利潤的同時卻黑字倒閉（現金周轉不靈）的最佳方式。

第 7 課到第 8 課介紹「油壓表」——資產負債表，說明資產負債表的成分、如何透過提高毛利率至 30% 以上、及時請款等方法改善企業的體質。如果您的企業要跟銀行打交道，或者您就是銀行的徵授信人員，這一部分關於銀行評估企業的方式、抵押品的角色，以及和銀行打交道的八大迷思，更能讓您輕鬆一次就上手。

第 9 課整合前面的內容，讓我們了解日常的商業活動如何反映在財務儀表板上的三種儀表上，並學會以比率分析幫我們掌握企業的趨勢。

第 10 課透過作者與成功創業家、《師父》作者諾姆·布羅斯基的對談，收錄了中小企業生存的關鍵、每一位創業者都會犯的錯、創業者把錢燒光的原因、驅動公司的關鍵數字……等精采內容，段段都是無數失敗換來的寶貴經驗談，您一定要看。

27 歲後，我離開大型會計師事務所，進入新創公司，負責公司的營運、財務與會計，之後更擔任多家中小企業的財務顧問、甚至是中小企業經營者。工作之餘，除了輔考證券分析師當中的「會計及財務分析」一科，也常常跟銀行法人、一般投資大眾分享投徵授信、投資領域的財務報表分析。市面上各式各樣的會計、財務報表分析書籍，都是我必須要參考、翻閱的工具書。

　　我清楚地知道，這一本書，並非傳統的第一類或是第二類書籍，除了可以讓大家看懂基本的財務報表，了解財務儀表板上三種儀表的意義，並學會看懂儀表後的因應之道，更重要的是，讓中小企業告別虧損連連與現金缺口的噩夢，從此享受經營過程與成果，讓企業持續獲利。

　　如果您在找一本可以引領您的事業脫離困境、前往獲利康莊大道的書，《財務報表，中小企業賺錢神器》一定是您的最佳選擇。

（本文作者為誠鈺會計師事務所主持會計師）

數字不是來嚇你，
是來幫你──
數字恐懼者有救了！

有能力創業或經營一家小公司，都是因為有出色的產品或服務，和一流的專業能力；但這些特質並不表示公司會賺錢。

藉由讀懂數字掌握財務狀況，才會讓公司賺錢。從現在開始，數字就是你的好幫手。

| 你可以學到這些 |

- 看懂財報數字代表的意義──公司的經營狀況。

- 更輕鬆務實的面對數字──你的好幫手。

- 不再怕被數字綁架。

- 三大報表就是營運的三大導航工具。

當我說出「財務報表」四個字時，你會想到什麼？誠實的將你最真實的想法寫下來。你的筆下如果出現任何不雅的關鍵字也沒關係，畢竟除了你以外不會有別人知道。

這些年來，在我主辦的「我痛恨數字：給數字恐懼者的財會課」研習會中，許許多多與會者給過我諸如以下的意見：

「我想像個嬰兒一般蜷縮並且大哭。」

「我還寧可花一整個週末聽我婆婆抱怨。」

「我痛恨數字，它們也恨我。我們互相憎恨。」

「那是我會計師的問題。」

「我是個設計師，我才不管這些。」

「只要我努力工作，那些數字自然會好好的。」

「財務報表就像個巨大的黑洞。」

「使我輾轉難眠。」

「拜託誰來殺了我吧！」

「我超愛閱讀我的財務報表。就像我好愛在凌晨兩點鐘在高速公路上爆胎，以及拔智齒一樣。」

說出這些話的人都非常聰明，受過高等教育，而且就和你一樣才華洋溢。他們都是些設計師、科技業顧問、攝影師、牙醫、律師，甚至還有一位健身鋼管舞教練。如果你害怕數字，其實你並不孤單。但不幸的是，小型企業的經營者，經常在他們成立公司時，都經歷了一番痛苦掙扎，有些甚至倒閉了。

誰會從這本書獲益呢？任何銷售商品或服務的中小企業經營者、客戶中有中小型企業的會計師、業務、行銷、外包廠商、新一代中小企業經理人和剛

起步的創業家。任何希望自己創業，或是已經投入經營，並為應付帳款掙扎的人。就連那些數字達人，例如會計師、記帳員和出納員，都可以從這本書學到東西。當客戶也開始懂小企業的基本生存法則後，他們的工作也會變得較為容易。

小公司是因為資金不足才失敗？錯！

你或許聽說過，根據美國中小企業署[1]（Small Business Administration; SBA）的資料分析，在美國新創業的小公司，大約有一半都撐不到第四年。如果你向精品名店的手工大師請益，大部分專家都會告訴你，這些公司之所以會失敗，是因為資金不足。專家們會喊出這些口號：「這些公司需要信貸額度、創投資金、天使投資人，以及政府補助！」。但我並不這麼認為。市場上流通的資金已經夠多了。試想，有多少房屋二胎貸款的資金被拿去浪費在考慮不周全的生意、無用的網購商品，和毫無章法的管理機制上？過去20年來，有數十億美元就是這麼浪費掉的。

我訪談過的每一位銀行家、顧問和會計師都同意，大部分中小企業之所以失敗，應歸咎於**管理上的無知**，而不是資金不足。大部分中小企業的創業資金，不是花在採購設備或建置網站；而是用於為管理的學習曲線付出代價——假如他們沒有在達到損益平衡點以前就把錢燒光的話。

所以中小企業主的無知之處到底在哪？並不是產品或服務哪裡不好；大部分人開始創業或經營一家小公司，都是因為擁有出色的產品或服務，並且擁有一流的專業能力；但這些特質並不足以打造和經營一家賺錢的公司。如果公

---

1. 美國主要針對中小企業業務的政府部門，台灣相對應的部門是經濟部中小企業處。

司是一輛車，少了一顆維護良好的引擎來推動產品和服務，又缺乏操控和駕駛這輛車的管理技能，則任何公司都會很快失控，這就是數字的重要性。

許多小公司以為數字是屬於數字專家，也就是會計師的事。他們並不了解，其實會計師的角色和你的汽車保養師傅很類似。註冊會計師[2]（Certified Public Accountants, CPA）懂得所有有關評估一家公司營運和穩健的指標和標準，他們也可以提供許多有用的資訊來「定期保養」你的公司，並幫助你避免踩到國稅局的紅線。但說到底，你的會計師並不會幫你管理公司，就像你的汽車保養師傅不可能幫你開車一樣。你才是最需要了解該如何讀懂你的「財務儀表板」的那個人，這樣你也才能夠開到想去的目標。

的確，剛開始學習開車時，是會有些恐懼。但油量表、車速表、引擎燈、地圖和方向盤都不是火箭科學，沒有你想像的那麼艱深；財務報表也一樣。學習看懂財務報表，並利用它們所提供的資訊以駕馭你的公司，邁向賺錢的大道，你絕對做得到。不僅如此，在這本書裡，我將證明給你看，你其實可以比你所想的更快速且更輕鬆地掌握這些能力。

你大概不會聽到會計師對你說上面這些話。他應該會想持續按照每小時250美元的費率，幫助你處理那些可怕的「複雜問題」。會像這樣跟你說的，只有我這樣的人了──一個了解學會面對這些數字是多麼重要、並且人人辦得到的人。

我以前也曾是個患有數字恐懼症的中小企業主，並且為我的學習曲線付出不少慘痛代價。在23歲時，我成立了一家小公司，瀕臨破產好幾次。在經營

2.　美國註冊會計師或執業會計師，是指美國法定會計財務專業的統稱。沒有通過CPA考試，並未持有註冊會計師資格者，無法自稱CPA。

的 10 年間，我幾乎天天吞 10 顆胃乳片，以學習控制諸如銷貨成本之類的重點工作；而我希望不會再有人經歷像我一樣的痛苦，本書的宗旨就是防止類似的經驗再次發生。我有信心可以在短短幾個禮拜內，教會你那些花了我數十年痛苦代價才得以學會的事，因為我的確已經在課堂上和研習會中指導了上百位中小企業主。我的學生時常對我說：「妳打動我了！」「現在我很清楚我該做些什麼了。」還有「我聽到許多人講過這些事，但直到現在我才終於了解。」許多學生含著眼淚告訴我說，因為具備了我在本書中所分享的知識，他們知道，過去那些無助掙扎的日子終於離他們遠去了。這本書所涵蓋的內容，幫助了上百家正準備關門大吉的公司，重新獲利並茁壯成長。

如何閱讀這本書

你看過經典電影《綠野仙蹤》嗎？你還記得當桃樂絲、稻草人、獅子和機器人在面對充滿力量和權威的奧茲大帝時，嚇得發抖的那一幕嗎？烈火熊熊燃燒著，大帝聲如洪鐘，兇狠與威嚴迴盪在大廳。接著，桃樂絲嚇呆了——她的小狗托托竟然跑到大帝身後的窗簾，用力將窗簾拉開，揭露一個來自堪薩斯州留著白鬍子的疲累小老頭。充滿力量和權威的大帝瞬間蕩然無存。

本書也將以同樣方式撥開所有煙幕，告訴你該如何運用財務報表來做出最佳經營決策。這本書將會治好你的數字恐懼症，讓你得以用「有趣」和「簡單」來形容商業會計。我知道這聽起來美好到不真實，但當你讀完這本書，並且在每一課結尾時，好好溫習「重點整理」，它可以立即並有效整理你在該課所學到的觀念。透過本書，你會了解到，經營一家小企業其實可以像打電玩一樣簡單——因為你終於懂得該如何記帳。為打造一家賺錢的公司，本書很有效率地提供了一張實證有效的路線圖。這就是我的目標；我想要以一本不像教科書般

冗長又無趣的全方位的書，指出一條到達獲利的最簡便道路。

你可能曾修過會計學，但這本書不會像你讀過的任何會計課本。書中沒有任何關於「借方」或「貸方」或任何在一般公認會計原則上所使用的 GAAP[3] 術語。已經有太多位會計師出版過催眠書了，所以這本書的原則就是易懂而有趣。

一步步的，我將會藉由一則則的故事，將艱深的事物變得容易了解和實踐。當所有道路都已經鋪平時，你的旅程也將變得更輕鬆。

首先，本書將會一行行分解你最重要的三樣導航工具——損益表、現金流量表，以及資產負債表。想讓公司活下去，最重要的就是了解這些財務報表告訴你的資訊：公司的經營狀況。第 1 至第 3 課會帶著你複習損益表：它所衡量的指標、指標的運算規則，以及你可以如何經由些許的改變來改善你的獲利。第 4 課帶你分析損益平衡點，它的重要性在於能夠使你了解正在經營的公司是否確實可行。第 5 和第 6 課包含該如何看懂你的現金流量表，以及管理催收流程以避免破產的危機。很多企業主開始學習這些觀念時大嘆為時已晚。

接著，第 7 和第 8 課將聚焦於資產負債表：它的運算規則以及對檢測任何小公司的經營體質的重要性。你將會了解銀行家是如何洞察資產負債表上的資訊，還有該如何善用這些洞見，成為一個內行人。第 9 課揭露損益表、現金流量表以及資產負債表，在日常業務交易上是如何的息息相關。最後，你將

---

3. 一般公認會計原則（Generally Accepted Accouting Principles；GAAP）：之前臺灣所使用之會計準則是 ROC GAAP，自 2012 年起我國政府首次採用國際會計準則（IFRS）。目前在臺灣經營的所有公司均採用 IFRS。

培養出對這些報表的第二本能，知道應如何改善經營，或在問題發生前就能預知風險。第10課藉由與成功的連續創業家諾姆・布羅斯基[4]難得的訪談，來帶你複習整本書的精華。

我希望你可以藉由本書增長知識及智慧。知識是比方說，當你看著一個溫度計，你知道外面的溫度是華氏95度（攝氏35度）。然而，知識與智慧兼具，才會有用處。智慧會告訴你，在這種天氣狀況下出門時，比起滑雪裝備，不如穿短褲和拖鞋吧。可惜的是，大部分的商業會計課程都著重在知識，而非智慧。我認識一些企業主，他們在大學時期修的會計學成績都拿A，而且對財務報表上的所有會計科目定義瞭若指掌，卻對「一旦公司毛利率低於30％，就很可能急速邁向破產」毫無概念。

財務報表衡量的是已經發生的事，並且定義出你目前的狀態。身為一個中小企業主，你最大的挑戰在於得到足夠的智慧來運用這些資訊，以辨識出商機、管理潛在風險，並且預測到對於你今天所做的種種決定，將在未來對公司造成什麼影響。

為什麼你該聽我的？

我曾經在華爾街當過20年交易員，並曾在花旗集團擔任個人銀行部門的副總經理——在這個職位上，我負責企業信貸產品的行銷部門，在當時是集團裡成長最快且獲利最高的產品。同時，我有很多、很多年的創業經驗。我曾成

4.　Norman Brodsky，美國創業家，曾創辦8家成功企業，並3度躋身《企業》（*Inc.*）雜誌500大排名。與《企業》雜誌總編輯鮑・柏林罕（Bo Burlingham）長期合寫的「江湖智慧」專欄，兩人合著有《師父：那些我在課堂外學會的本事》（*The Knack: How Street-Smart Entrepreneurs Learn to Handle Whatever Comes Up*）。

功推出超過 80 種橫跨不同產業的事業和產品，包括理財服務、消費性產品、不動產開發、高科技以及非營利項目。

目前，我在國王學院的曼哈頓分校擔任企業管理的副教授，負責教授經營管理原則、商業策略和行銷導論，也曾在哥倫比亞商學院擔任客座講者、在紐約大學的斯特恩商學院擔任過兼任教授，同時是考夫曼培訓創業計畫的合格輔導員。

除此之外，我是全美創造就業機會聯盟（Job Creator's Alliance）的執行長（CEO），這個組織是由美國家得寶公司（Home Depot；全球最大家庭裝潢產品零售商）的創辦人伯尼‧馬庫司（Bernie Marcus）所創立，而我的角色則是進行每月的媒體宣傳曝光，以支持新企業的創立和協助推行增加就業機會的政策。

我所創辦及經營的「小公司的大幫手」網站（Best Small Biz Help. com）曾得過部落格獎，該網站的目標，就是確保中小企業主在任何經濟狀況下，都能善用有限的資源來提升獲利。網站當中的「求救鈴」（Panic Button）功能即在提供我們的目標讀者，即中小企業經營者，有關該公司目前經營壓力來源的即時分析。

長期以來，我對於診斷市場上各行各業所有奄奄一息的公司有豐富經驗，對於學生以及中小企業來說都很有用。而我從不需要假裝有多了解「成功經營一家小公司」有多複雜及困難。

●　　●　　●

別被我的課程名稱「給數字恐懼者的財會課」所誤導了，本書不僅僅是關於數字、會計或甚至是財務報表，而是關於你的事業前途。這本書是要教你學會如何得到你的才能所應該擁有的報酬，好讓你可以維持你和家人的生計。這

本書是要教你衡量你的技術、天賦和你已經累積的工作經驗，好讓多年以來的辛苦奮鬥和失眠的夜晚有所回報。這本書是要給你一張路線圖，好讓你的小公司不至於和那 50% 的同儕一樣，成為納入失敗率統計下的其中一個數字。這本書是要給那些中小企業的經營者——無論你是從辦公室、店面，或者地下室、車庫、甚至你家的餐桌開始經營這家小公司——一個可以做夢的自由空間，而且管它經濟條件像那雲霄飛車般動盪起伏，都可以讓你的夢想成真。

　　我對這本書有一個目標：教會你如何看懂基本的財務報表，以及了解那些報表所代表的意義和你該採取的行動，讓你得以在經營上持續得分。在了解之後，你應該就能享受經營小公司的過程，不再充滿恐懼；你將能夠預測未來，而非成為未來的受害者。當收到帳單時，你將會有足夠現金來支付；最重要的是，你將擁有可以達成事業成功的經營策略。

你將學到的事

- 你的財務儀表板是追蹤財務動態的關鍵，也是用來量測你的事業進展的關鍵。你將學會該如何利用它來做出最明智的決策。
- 你應該利用毛利率來經營生意，而非看營收。這會讓你只需花一半的力氣就能提升獲利。
- 小公司有可能在有利潤的同時卻仍倒閉，我們將教你如何避免。
- 你必須催討並收回客戶的應付款項。本書將告訴你如何無痛解決這個問題。
- 經歷許多中小企業經營風暴的專家們，所給你的意見是最可貴的，這些建議將帶你邁向無論在什麼樣的經濟環境下，都仍然可以獲利的康莊大道。

　　無論你現在是身陷困境或是只有一點點創業想法，都能夠從這本書得到許多寶貴經驗。

　　因此，你現在有兩個選擇：選擇持續被數字綁架，讓你永遠被昂貴的顧問牽著鼻子走；或者選擇好好讀完這本書，征服你的恐懼，並且學習該如何引領你的事業前往一條既刺激有趣、報酬又高的道路，終究達到獲利以及可以預期的正向現金流。無論你是一間小公司的夢想者、老闆、經理人或是供應商，都需要了解這本書的內容。當其他公司陷入窘境時，你可以脫穎而出，蓬勃發展。這就是我對你的期許。現在，我們開始學習如何運用損益表來管理你的收益吧！

你的財務儀表板——
損益表・現金流量表・
資產負債表

正如儀表板可用來偵測你的車子運作的狀況，三大報表是測量你事業運作的重要訊息指標。搞懂報表，公司會像調校良好的車子般一路順暢：決策更精準、獲利更好、現金流更充裕，並且淨值更高。

| 你可以學到這些 |

- 損益表告訴你→你的生意是否在賺錢？只是打平？或正處於虧損狀態？

- 現金流量表告訴你→你的獲利是不斷增加，還是逐日減少？

- 資產負債表告訴你→你的每一項資產和負債，以及它們是如何影響到你公司的淨值。

　　會計是一個**非常**龐大且複雜的工作，難怪有那麼多公司老闆想把所有關於數字的差事都交給「數字達人」——會計師、出納、銀行員以及稅務律師——來處理。或許你也能感同身受。如果一般公認會計原則（GAAP）、稅務法、借貸記帳法或稅務表這些名詞會讓你倍感壓力，別擔心。第一，你絕對不是唯一有這種感覺的人。第二，這本書不會討論那些。但這本書的確會逼你承認一個不容否認的事實：**假如你想成功經營你的事業，就必須學會如何處理某些數字。簡而言之，你需要學會如何看懂並了解你的財務儀表板。**

　　想想你車子上的儀表板，有一個車速表、油量表，以及油壓表。這些設備都是用來偵測你的車子運作狀況的重要指標。

　　它們提供你關於你的移動速度、還有多少汽油和引擎狀態的重要訊息。如果以上任何一個儀器沒有在正常運作，或是你看不懂這些儀器，你有可能會馬上拿到一張罰單、熄火，或是燒壞的油封墊片。

　　同理，如果要經營好你的事業，你的**財務儀表板**也有三個需要學會如何看懂的儀表——你的損益表、現金流量表，以及資產負債表。這幾張報表量測的是你事業運作的重要訊號，有關你的生意能產生多少收益、你在銀行還有多少現金以支持公司營運，以及公司在某個時間點的整體健康狀況，這些報表都將提供極為重要的資訊。這些資訊讓你得以做出明智且及時的決策，以利公司像調校良好的車子般順暢運作。而且你猜怎麼著？你請的會計並不會幫你做這些決策，他的職責只是替你顧好業務交易記錄，確保它們能正確無誤且準時交到你的會計師手中。而你的會計師也不會替你做決策，他的責任只是替你準備好稅務資訊，並確保你不會被查帳。

　　你的數字達人們可能都很專精於他們的職責，然而同時你卻將公司駛向財務危機。這有可能發生嗎？當然。你很可能正在把錢浪費在錯誤的事情上。做

為一家公司的經營者，你可能正在申請一筆龐大的貸款，卻不知道它即將壓垮你的公司。**在這輛代表你的公司的車上，你就是司機**；而如果你無法讀懂你的財務儀表板，就無異於蒙著眼開車。

很不幸的是，根據美國中小企業署的統計，超過 85% 的美國中小企業主就正在這麼做；難怪有超過 4 成的小公司甚至撐不到 4 年就倒了。對於這份調查資料，很可能你聽過這種推理：因為這些公司創業資金不足或其產品或服務並不可行。

其實並不是這樣的。到處都充斥著資金，而廣大的市場也一定可以讓你的生意找到足夠的新客戶和忠實客戶。小公司之所以會失敗，大多數都是**錯誤經營**所導致。如果你希望公司可以遠離破產，並且達到最重要的目標——可持續的利潤和順暢無虞的現金流，就需要從基礎駕訓班課程開始上起，直到可以駕馭一輛能夠創造獲利的車子，以承載你所經營的產品或服務。你必須能夠熟悉的讀懂財務儀表板所揭露的關於你生意的訊息。

好消息是，你絕對可以成為一名看懂財務儀表板的專家。我怎麼能這麼肯定？因為本書所要教給你的事，已經成功教給了數百位中小企業的經營者，包括那些對數字極端恐懼的人。我親眼看到他們帶著「原來如此！」的美妙領悟，輕輕鬆鬆地掌握住了重點；他們立刻開始看清他們公司的風險和機會，因為針對損益表、現金流量表以及資產負債表上的數字，他們終於了解自己該做出怎麼樣的反應。

本課的目標，是希望你可以擴展你的財務詞彙，而不是只認得「破產」或「億萬富翁」兩個詞。若你和大多數中小企業經營者一樣，對於本書所使用的大部分甚至全部名詞都已頗為熟悉，但對這些名詞的意涵和該如何運用在實務中卻仍十分迷惑，那你就好比開車上了高速公路，卻看不懂路標。當你看到

一個寫著 65 的路標，其實你需要有好幾個層次的認知，才能理解這個路標的意義；你必須知道它是一個速限標誌，而且必須確保你的車速表上的指針指著 65 或以下的數字；你同時也需要知道這個標誌的含義：一旦你超速，將會有被開一張超速罰單的風險；若你太常挑戰這個速限，甚至可能會被吊銷執照。

你財務文件上的數字就好比那個速限標誌。標誌本身不需要傳遞所有的訊息，因為你已經懂得它的意義，而且假如你已經開了好一陣子車，尤其如果曾收到過超速罰單，那麼你就會更了解它的含義。標誌雖小，它所代表的含義卻很大，就好像你的財務儀表板上那些小小的數字；當你在做日常的商業決策時，必須先看懂一些很重要的細微差別並懂得校準。

那麼，我們接著就來學習那些詞彙吧。在一開始，我先要帶你看懂這三樣財務文件，和它們所量測的內容。同時，我也會簡單的介紹，對於經營你的事業，這些量測有些什麼樣的含義。我們就從你的車速表，也就是損益表開始吧。

損益表

損益表（Income Statement，也稱為 Net Income Statement、Profit and Loss Statement、或 P&L〔Profit and Loss〕），它揭露一家公司是否有在創造利潤、或損益平衡、或產生虧損。若你從來不懂這些，別擔心，許多小公司老闆以前也不知道。曾有一位經營兒童連鎖髮廊的中小企業主有一次參加我的研討會，當我告訴她，這些名詞的意思都完全一樣時，她跳了起來，說：「妳是在開我玩笑嗎？難道這麼多年來，我的會計都是在和我討論**這個**嗎？」

會計師之所以沒有強調「淨（net）」這個字，是因為這種報表的數字本來就是指淨額，而你的會計以為你也應該明白這一點才對。現在你的確是明白

了。同理，「營收淨額」和「營收」也經常被交叉使用來指銷售收入。有時營收的英文 revenue 也可能出現複數，變成 revenues，用以表示銷售收入的總額。這些詞彙都沒什麼可怕的。

順道一提，無論何時，當你看到「**毛／總**」（gross）這個前置詞，好比毛利（gross profits）、總收入（gross receipts）或總營收（gross revenue）時，這代表你所看到的數字是在扣除費用或折扣**之前**。而在任何看到「**淨**」（net）這個前置詞時，如營收淨額（net revenue）、淨支出（net expenses）或淨收入（net income），則代表你所看到的數字是在已經扣除特定費用**之後**了。光懂得這麼簡單的財務知識，就已經讓你遙遙領先同儕了。

對於一位中小企業的經營者而言，損益表可以替你回答下列的關鍵問題：

- 現在我們的生意賺錢嗎？
- 我們的產品和服務是對的嗎？
- 我們的定價是否可以讓我們得到合理的報酬，同時也兼顧市場競爭力？
- 我們的毛利率是否夠高，足以順利經營這門生意？
- 我們知道真正的直接成本是多少嗎？
- 我們該如何得知行銷手法是否有效？
- 我們的客戶群是對的嗎？
- 我們該如何才能事半功倍？

損益表可以告訴你，生意是否在賺錢，只是打平，或正處於虧損狀態。若損益表的最底下那一行數字是正的，表示你有獲利；若那個數字為零，代表你目前損益平衡；如果負的呢，就表示你正在虧錢。最下面那一行數字代表的

是，在一切直接和間接費用都已經從總營收中扣除後所剩下的錢，也就是你投入這門生意的目的——也就是你的淨利。

你為何應該在乎生意是否有賺錢呢？因為當你選擇經營一家公司時，等於選擇去承擔許多風險。你付出了無數時間和精力，我不知道你怎樣，但假如我為了讓公司活下去，每天得工作 12 個小時，但結果損益表上卻無法顯示出獲利數字，那我的心情一定會非常糟。有些中小企業老闆讓公司連續好幾個月都沒有任何獲利，而有些竟然數十年都如此；坦白說，超過 4 成的中小企業都撐不到第 4 年，不是一件什麼奇怪的事；那成功撐過 4 年的近 6 成公司才是真正的奇蹟。沒有持續增加的利潤，你的小公司或許還在持續營業中（至少目前還是），卻只是空轉而**到達不了任何地方**。

在下一章，我們將一行一行的檢視你的損益表，好讓你徹底了解會影響到最後一行數字（bottom line）[1] 的每一個因素。當你看到獲利開始衰退時，你將完全知道究竟該從哪裡下手補救與調整。以下是我們將會檢討的主要內容部分（別擔心，這些所有以及更多內容，都會在之後有更詳盡的說明！）：

- **你的定價策略**。你所訂定的售價，不管是現在還是未來，都會對淨利產生直接的影響。你的生意是如何對你的人才、產品及服務定出價格，將影響到有多少客人願意買單。我會教你如何定價，以及該如何判斷何時應該調整定價。

- **客源的多元化**。每一位和你進行交易的客戶都會對你公司挹注一定的現金流，就好比投資組合的其中一家公司；而就像任何一個穩健的投資組合，一家穩健的小公司的客戶組合應該包含許多客戶，任何一位

---

1. 代指公司的淨利，因是損益表的最後一行結算數字，故以 bottom line 稱之。

客戶都不應超過你公司營收的 15%。客戶多元化可以避免任何一位客戶嚴重影響到公司的穩健。中小企業經營者絕對需要學會如何瞄準潛在客源並管理好現有客戶，以避免任何一位客戶對公司的大部分營收造成過高的風險。

- **產品別和客戶別的毛利。** 大部分中小企業經營者都不知道，經營一門生意並不是將重心放在營收，而是在**毛利**（gross margin）。毛利是你手邊現有的、可以用來支付所有管銷費用的銷貨毛利。了解毛利狀況，在小公司所扮演的角色至關重要。如果你不夠了解，或許會持續銷售那些其實會帶來虧損、早應該放棄的產品或服務。你或許會持續和只願意購買毛利最低的產品或服務的客戶維持業務關係，因為你對於他們每次向你購買，都在讓生意虧錢這點毫不知情；你甚至可能不知道為什麼自己無法按時支付帳單。大多數中小企業經營者都試圖以賣出更多東西來解決這個問題，但結果只會讓你的生意陷入更深的財務黑洞。你將會學到如何策略性的調整你的產品和客戶群，以避免陷入這樣的陷阱。

- **固定和變動費用。** 就像營收一樣，並不是每次費用都一成不變。你不僅可以學會判讀其中的差異，在你的事業成長時，更會知道如何以簡單的策略來有效地管理費用。

- **行銷費用以及投資報酬率。** 中小企業的經營者經常在沒想清楚的行銷方案上白白浪費了幾百萬美元，一邊祈禱著總有一些方案會有效。這等「撒錢再祈求奇蹟出現」（spray and pray）的策略永遠都不會有用的。在一場有關中小企業的研討會上，有位廣告業者試圖銷售一套索價不菲的行銷方案給我，他問我有多少行銷預算。我的回答是告訴

他：那跟行銷預算一點關係也沒有，並建議他應該問我的是：我需要多少客戶、什麼樣類型的客戶、在什麼時間點會需要、而且該如何做才能將我的訊息傳遞給這些客戶。唯有這樣，我們雙方才有可能進行一段有意義的對話，關於該如何策略性的打造一個行銷方案，以及該如何得到及衡量我的投資報酬率。在之後的章節，你會學到你公司的行銷手法是如何直接影響淨利，以便保護並提升你的利潤。

損益表（淨利）

你將發現到，有許多方法可以提高一門生意的利潤，而其中一些方法做起來會比你想像的更快更簡單。這些方法已經挽救了數百家失敗的公司。在你運用本書所談到的策略時，不僅可以在短期內提升你的獲利能力，也將可以開始預測你今天所做的決策，會對未來的利潤帶來什麼樣的效益。在危機來襲以前，你將能夠更快改變方向及策略；在你周遭的市場面臨動盪不安時，你將能夠比競爭對手更有彈性。這就是一家中小企業追求永續經營的不二法門。

就像我已經說過的，你公司的損益表就好比你車上的車速表，它會是你需要時時檢視的儀表，**至少每 30 天檢查一次**，以確保還保持著穩定的動能。它可以讓你知道獲利是不斷增加還是逐日減少。請記住：獲利是會隨著季節變動

而增加或減少的,因此每個月的獲利也會隨之波動。你最大的挑戰其實是要預測那些高獲利或低獲利的月份,並讓你的公司照樣付得出應付的費用並得以持續經營。

但是,你的車速表,也就是損益表,並不會告訴你,在你需要加油之前還可以行駛多少公里。因此,現在我們來談談你的油量表,也就是你的現金流量表吧。

現金流量表

除非你很享受車子被迫停在路肩這種事,否則你應該很清楚隨時注意油量表上的指針位置有多重要。那指針在兩個端點之間遊走,「F」代表油箱是滿的,而「E」代表沒油了。仔細想想吧。在指針越來越靠近「E」這一端時,油量表並**不會**明白告訴你,你需要去加油了。**你自己**必須做出判斷並解決問題,否則後果自己承擔。也只有你才知道自己的那款車型,在加滿油時可以跑多久、多遠。假設你擁有的是一輛有 8 個氣缸、400 匹馬力的休旅車,那麼你應該也很清楚車子對汽油的需求。

　　現金之於你的事業，就好比汽油之於汽車；而就像款式各不相同的車，每家公司燒錢的速度也不盡相同。你需要的是好好的**量測它**，而不是憑空臆測。憑空臆測就是一條通往破產的快速道路，當你的現金花光的那一刻，公司也就玩完了。

　　你的**現金流量表**（Cash Flow Statement），顧名思義，量測的是你公司流入和流出的現金。這個儀表就像你的個人存摺本。在每個月的月初，你都是從正數的現金餘額開始（我是這麼希望啦），現金流入來自於客戶的付款、投入的資金以及貸款；當你支付帳款和薪資時則現金流出你的公司。最後，你的現金餘額會被帶往下一個月份，開始一個新的現金流循環。

　　對一家公司而言，有三種主要的現金收入來源：你可以從經營過程中賺取現金、或從銀行貸款（但一定得還）、也可以從投資人處取得資金（但投資人會希望能從你的生意上割一塊肉下來——也就是取得你公司的股權）。從經營過程中賺取的現金，也就是你成功的向客戶賣出有利潤的產品或服務所獲得的金額，是你的最高等級汽油；這些現金並不附帶利息成本，你也不必還；你更不需要拿這些現金去餵給那些豺狼般的投資人。那是你自己賺來的，這現金屬於你的公司，公司擁有者及經營者都可以任意支配。在你們歷經各種不同的經濟景氣，冒著各種風險提供產品和服務之後，公司有權得到正面的補償和回饋。

　　話雖如此，還是有許多因素會影響到這美好的高級汽油，是否可以在你的油箱空蕩蕩之前，**及時**挹注進來。如果你想打造並維持健康的經營現金流，以下是一些你需要學習以便校準的細節：

- **開立請款單或發票**（invoice）**的政策**。大多數中小企業經營者都把這

當成一件理所當然的事，但開立請款單或發票其實可以促進或者摧毀你的客戶關係。這也是一件最大化你的現金流的關鍵工作。若你已經有完美的定價，而且帳面業績也很棒，卻無法讓客戶盡快付款，那你就有麻煩了。在市況低迷時，收帳可能會花費更多時間，特別是當你做生意的對象都是大量的立即買進卻在日後才付款的客戶。在第5課，我會教你以簡單且新穎的手法來催收那些帳款，同時還能建立起互信、長期的客戶關係。這對於在每個月的月底和月初，你手邊有多少現金可以用來投資在生意上，將會帶來非常重大的影響；讓你就算在營收低迷時，也能強化付款能力，因此，你也就不太需要向外界的現金供給（銀行、投資人）求助；一般來說，他們提供對你有利條件的機會非常低。

- **催收政策**。在你經營一家公司時，不管喜不喜歡，你都必須同時變成一家討債公司。向賴帳的客戶收款，經常就像做牙齒的根管治療一般痛苦。你的催收政策，不應該是交易談成後才想到的事情，而是應該在一開始就採取可以鞏固客戶關係的方式，做好溝通工作。大多數中小企業主都不知該如何有效率的完成這個流程，以及如果沒有做好這件工作時，他們會遭到什麼樣的後果。在第5、第6以及第10課，你將學到幾種可以無痛地大幅改善催收政策以及現金流的方法。

- **延後收款**。許多中小企業主是多麼容易相信別人啊！他們一拿到一份簽署完成的訂單，是多麼的開心雀躍，絲毫沒有想到他們剛才所完成的交易，其實是讓客戶拿到在自己公司登堂入室的鑰匙。在第6課，我會幫助你成為延後收款以及損失管理風險[2]的高手。相信我，延後收款的確是有損失風險的。

- **與供應商打交道**。對任何一家中小企業而言，供應商都是價值鏈當中一個重要的環節，尤其是當他們所提供的服務或產品是你不可或缺的。但如果對供應商而言，來自你這種小公司的生意，並沒有占到他們相當比重的營收，那麼你就有可能遭受到毒蘑菇般的對待（這樣說是誇張了點，但你的生意的確非常有可能被供應商丟在最後面處理，並且被當成煩人的傢伙）。在第 6 課中，你不只將學到該如何管理客戶的帳款問題，也會學到如何和供應商協調出一個對你有利的付款條件。

- **與銀行打交道**。你或許還沒認清這一點，但其實銀行並不是你的朋友。不論它們在黃金時段的廣告上如何信誓旦旦，但當你遞上你的貸款申請書時，就會看清事實。你會突然發現自己如同夢遊仙境裡的愛麗絲，跌進了一個兔子洞。曾經身為銀行家的我，會從銀行的角度帶你認清這個世界，並且告訴你該如何嚴加控管借來的現金。第 8 課將針對中小企業如何改變與銀行的關係，提供一個簡單的分析。

在以後的章節中，無論你所經營的是製造業或服務業，你將看到與你的公司型態相近的現金流量表，並且從中理解這些公司可以如何改善其財務。用不了多久，當你看到你公司儀表板上的現金流指標時，便能夠自己做出精準的診斷，並且馬上就可以擬出簡單而具有策略性的調整安排，立刻增加來自營運的現金流。

以下是一些你的現金流量表可以回答你的基本問題：

---

2. Downside risk，或譯為下檔風險，原為投資用語，下檔風險是指未來股價有可能低於市場預期價位的風險。

- 我的公司有足夠現金支付未來 3 個月的帳款嗎？
- 哪些費用是我可以大幅刪減的，又有哪些對我的生意是至關重要的？
- 在一年中屬於淡季的月份裡，我該如何計畫我的現金需求？
- 什麼是申請授信的最好時機，我又該如何管理呢？

資產負債表

最後，讓我們將焦點放在財務儀表板上的油壓表，也就是資產負債表（Balance Sheet）。這份報表乍看之下可能並不非常有趣，但對你的銀行或貸款人而言，這份報表可比穿比基尼泳裝還要性感得多。你若想要了解任何公司的整體穩健程度以及財務實力，資產負債表將會把你所需要的資訊完全揭露，但前提是你要能看得懂。你的**資產負債表**掌握了自公司成立至今的一切尚未清償的貸款和負債、公司的所有資產的價值，以及公司的淨值。有些資產是流動性的（現金），而有些不具有流動性，或者有些資產無法輕易被轉換成現金（好比不動產），還有一些資產是無形的（品牌價值以及商譽）。

你必須了解上述的每一項資產和負債，以及它們是如何影響到你公司的**淨值**。在資產負債表上所顯示出來的公司淨值，其實就是指你公司所擁有的（own）和所積欠的（owe）之間的差額。（淨值有時也稱為**股東權益**，不論一家公司只有一位或多位股東。）淨值可以是正數或負數。你很有可能已經猜到了，一個負數的淨值代表你所積欠的比你所擁有的還多。

而你所追求的應該是正數的淨值，原因如下：第一，如果你想要並且也需要向銀行借款，這將會使得你在銀行的眼中較有吸引力。在第 8 課，我將會帶你從內行人的角度來看銀行是如何看待你的資產負債表。我會讓你了解，資

產負債表當中的數字會如何影響你決定申請貸款的時機；以及若你不想燒壞引擎，又該避免哪些類型的貸款。

第二，如果你需要，或希望能夠賣掉公司，一個正數的淨值可以讓公司處於較好的位置。別緊張，這本書裡不會談到賣掉一家公司的細節，以免讓你覺得無聊，但你的確需要為這種可能性做好準備，這表示你應該持續追蹤公司的價值多少，以及有哪些資產是可以被轉移的。這些資訊的絕大部分，都會在資產負債表當中現身。

有兩種很基本的方式可以讓你往正數的淨值前進——提高資產的價值以及降低負債；而有時候，整體經濟狀況也會是你的一大助力。如果你在 1990 年時買下一間房子並持有至今，那房子即是你的資產，而僅僅因為市場需求強烈，價值就會大大提高；而你其實什麼也沒做，只需要守好那間房子。而若想讓負債降低，就要確保你的公司沒有在成長階段借了超出需求的資金。就如同一個家庭可以背貸款而依然過得下去，一家公司也可以。但你也有可能走到無可挽回的地步——當你的負債金額大到完全無法清償時。同樣的，這家公司也就 game over 了。

很遺憾,很多中小企業經營者都在他們完全沒有意識到的情況下,降低了他們的資產價值,卻提高了負債。在第7課,你會看到許多案例,那些聰明、立意良善的經理人,是如何利用各種嶄新的花招,卻降低了公司的資產價值、借了足以讓公司關門的債務,並且最終毀了他們花上一輩子來經營的公司。我將告訴你該如何徹底避免重蹈他們的覆轍。

以下是你在看你的資產負債表時,應該捫心自問的一些問題:

- 我的公司是否負債太多?
- 這些負債是否換來了良好的投資報酬率?
- 公司的債務,是屬於正確的類型嗎?
- 相對於債務,資產的價值是在增加還是減少中?
- 公司擁有多少營運資金?
- 公司持有的存貨,是太多還是太少?

• • •

我希望這篇關於財務儀表板的介紹,可以給你一些暗示,讓你明白或許應該學會有關損益表、現金流量表以及資產負債表的流利財務語言。在第9課,我會提出總結,並解釋這些報表之間的關係。在複習過這三種報表後,你將明白每一位公司經營者都有能力做出更好的決策,以追求更好的獲利、更充裕的現金流,以及增加更多的淨值。第10課是我對一位知名企業家諾姆·布羅斯基所做的專訪。專訪中,諾姆將與大家分享他花了一輩子累積得出的忠告,告訴大家該如何經營一家更成功的中小企業。

就如同任何一家中小企業的老闆,我非常清楚,你沒有那麼多的時間可以看書;但同時我也知道,閱讀這本書的時間,將會是你在學習中小企業經營時

的最佳投資之一。為這個世界以及你個人都行行好吧，別加入那些有著卓越才華和創意，同時也有超棒的點子、服務以及產品，到最後卻落入在商場的陰溝裡翻船或擱淺之列。這本書將會揭開財報基本原理的神秘面紗，好讓你可以在今天就立刻採取行動，以提升利潤、現金流以及淨值。

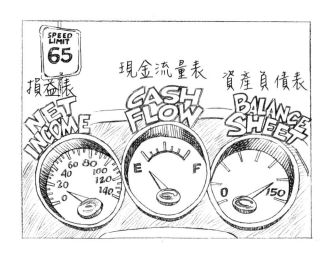

┃第1課重點整理┃

- 損益表、現金流量表以及資產負債表，是組成財務儀表板的三個關鍵報表，用來幫助你觀測公司的健康程度。

- 損益表揭露出一家公司是否有在獲利、損益平衡，或正處於虧損狀態。在每個月的帳務都由帳務員或會計調節過後，經營者每個月都應該仔細檢閱損益表，它會讓你了解公司在該月的表現如何。

- 由於各種產品和服務往往會有季節需求效應，利潤也會隨著月份而波動。試著在每一季過後保持正數的利潤。

- 現金流量表是用來量測來自公司營運所流入以及流出的現金。從這份報表，你可以了解你的公司是否在下一個月甚或下一季，有辦法付出其將發生的費用。這份報表也會揭露出在沒有更多現金來源的情況下，公司能維持多久的營運。我所認識的最成功的中小企業主，每個禮拜都會檢視他們的現金流量表。現金水位對公司極為重要。

- 從公司成立的那一天起，資產負債表就掌握了公司營運的所有成果。這個表顯示了公司在特定時間點的穩健狀況。資產（公司所擁有的）扣除負債（公司所積欠的）就代表了股東權益，也就是公司的淨值。

- 增加資產並降低負債就代表公司淨值正在提升，這應該是你的重要目標之一。

損益表——
提升利潤的關鍵

一家公司是賺錢還是虧錢，看損益表就知道。損益表顯示你付出去的（成本、費用）和你收進來的（營收）。

會看損益表，是你提高收入、減低支出的第一步。

| 你可以學到這些 |

- 損益表上各個項目代表什麼意思。

- 你製造一個可銷售產品的成本（銷貨成本）到底是多少。

- 除非要清庫存，否則不要犯下售價低於銷貨成本這種錯。

- 檢視毛利率，夠高的毛利率是經營公司獲利的關鍵。

如同第 1 課所讀到的，你的財務儀表板能回答的第一個問題就是：你的生意有在賺錢嗎？損益表可以代你回答這個棘手問題。

以宏觀角度來看，以下是損益表的幾大區塊（參見 62 頁圖表 2-1）：

- **營收淨額**（營收）：這個數目就是銷售所得減掉任何折扣，也就是進到你公司的金額。
- **銷貨成本**（減項）：產品或服務的直接成本。
- **毛利**：扣除營業費用以前的數目。
- **固定費用**（減項）：例如房租之類的費用。
- **變動費用**（減項）：例如行銷費用。
- **稅前盈餘**（EBT; Earnings Before Taxes）。
- **稅金**（減項）：絕對不可忘記付這筆錢！
- **淨收益**：這就是公司真正留下來的錢，是經營的最後結果。這個數目可以揭露出公司是否有在賺錢，賺多少錢。

我再強調一次：營收淨額減掉銷貨成本等於毛利。毛利減掉各項費用（固定及變動）等於稅前盈餘。稅前盈餘再減掉營業稅等於淨利。最重要的是——也是我寫這本書的原因——**你**需要徹底、清楚了解這些概念。

損益表中的細項

為了讓你得到更深入體會閱讀一份損益表的經驗，我現在要把你放進我的「模擬器」裡。恭喜你！你現在身為閃亮亮公司的經理了！這是一家非常有創意的公司，同時這也是我年輕識淺時創立的第一家公司。那時，就像大多數小公司的老闆，我完全不懂任何關於損益表的事情。這本書到處都充滿了那一次

創業的經驗（啊！我的青春已一去不復返！）。但願我這跌跌撞撞的經驗，可以讓你在做出各項商業決策前有所警惕。

身為閃亮亮公司的新老闆，你該做些什麼呢？

這家公司使用網版印刷技術，製作出閃亮耀眼的印花海灘 T 恤，並且以數千美元的價錢賣給知名零售商以及精品店。我們一起來看看閃亮亮公司的損益表上的會計科目，以判斷這家公司的營收淨額是否過得去。

營收淨額

你可能有聽過你的會計師或某些金融界人士談到「top line」這個詞，指的其實就是損益表上面的第一行。（當你突然了解其實事情竟然這麼簡單時，真的很開心吧？）你的 top line 就是你的**營收淨額**（或簡稱「營收」，Net Revenue），這個數字代表的是你在當月份的銷售金額，減去你可能提供給客戶的任何折扣。為簡化模擬的進行，我們假設這個數字與銷售淨額（net sales）一致。每一次你打開收銀機或開發票給一位客戶，你的營收淨額就會增加一些。當金錢流入你的公司時，那是一幅多麼美麗的畫面哪！（致那些太過認真的讀者：我當然知道一家公司可能還有許多其他收入來源，例如利息收入。）

計算閃亮亮公司的營收淨額還滿容易的。將你賣出的所有 T 恤乘以單件的售價就好，就如同下列公式：

（賣出的 T 恤數量）×（單件價格）＝ 營收淨額

因此，如果一件 T 恤賣 10 美元，那賣出一件的營收淨額就是 10 美元；如果賣出 1,000 件，營收淨額就是 1 萬美元。這還滿直截了當的吧！如果有

10 位客戶，每位都採購不同數量的 T 恤，那麼你只需要把每一筆銷售的金額加總起來，就可以算出該月份的營收淨額。所有的電腦或雲端軟體解決方案都會自動幫你完成這樣的計算。只要確保公司裡有人，不管是老闆、經理人還是記帳員，會確實輸入每一筆銷售記錄並扣除任何折扣。

那如果你的產品線包含了不同價格的不同 T 恤呢？假設你以 12 美元銷售一款有蝴蝶圖案的 T 恤，而另外一款有貝殼圖案的 T 恤則賣 15 美元。我們來比較一下來自兩位客戶的兩筆訂單：

- 客戶 A 買了 20 件 T 恤：10 件蝴蝶和 10 件貝殼。客戶 A 總共為公司帶來多少收入？

  10 件蝴蝶 × \$12 ＝ \$120

  10 件貝殼 × \$15 ＝ \$150

  來自客戶A的總收入 ＝ \$270

- 客戶 B 買了 20 件貝殼 T 恤。客戶 B 又為公司帶來了多少收入？

  20 件貝殼 × \$15 ＝ \$300

  來自客戶B的總收入 ＝ \$300

啊哈！客戶 B 買了**同樣數量的 T 恤，卻為公司帶來更多收入**，具體來說，多了 \$30。為什麼呢？因為每一件貝殼 T 恤都比蝴蝶 T 恤貴了一點點。比較每一位客戶對你的營收淨額所產生的影響，你會發現客戶 B 對營收淨額貢獻比客戶 A 來得多。

但別立刻就下任何結論。雖然客戶 B 付了更多錢來跟你買 T 恤，你卻並不知道客戶 B 是否會比客戶 A 帶來更多利潤。我們目前只有收入或銷售資訊，但還不知道每一筆生意的成本是多少。這個範例顯示出一個很有力的事實：雖

然某一位客戶可能比另一位客戶有**更高的採購金額**，但並不代表對公司來說，這位客戶一定可以帶來**更高的利潤**（我們會再繼續挖掘背後的意涵）。一筆較大的訂單並不一定代表更好的利潤，因為每一件 T 恤都需要成本來生產。

想要真正了解每一筆訂單或每個客戶為你帶來多少利潤，就需要把製作 T 恤的直接成本從每一張訂單的營收淨額當中扣除。損益表的下一行會計科目「銷貨成本」，會幫助你辨識出哪一款 T 恤能夠帶來最多的毛利。根據客戶所購買的是哪一款 T 恤，你將可以分辨出哪一位客戶帶給你最高的利潤。

銷貨成本

你的**銷貨成本**（Cost of Goods Sold; COGS）是在生產產品的過程中，所直接使用到的原料和人工的總成本。在 T 恤的這個案例中，直接原料可能包括布料、紗以及線。直接人工成本則包含網版印刷、剪裁和 T 恤的成形。這些都被列為直接成本，因為對於打造一件製作完成、可以販售產品的生產過程而言，這些費用都是必需的。銷貨成本被列為**直接變動成本**，因為這個數字會根據賣出的數量不同而變動。一家公司所販售的每一樣產品的直接成本都會不同，例如，假設比起蝴蝶 T 恤，貝殼圖案的 T 恤需要兩倍的網版印刷，因此造價更貴；這代表貝殼 T 恤的單位成本比蝴蝶 T 恤來個高。

你絕對需要了解你的公司所販售的每一件商品的**單位成本**（unit cost）。這就是製造一個可銷售產品所需要的直接材料和人工成本，不論它最終有沒有賣掉。對於一件已賣出並且已運送出去的產品而言，單位成本和銷貨成本是一樣的。單位成本同時也被用來計算**存貨**（inventory）的價值，存貨即是生產完成卻尚未賣掉的產品。由於一些外部因素，例如原物料或人工成本的上漲，可能會造成產品單位成本的價格波動。一旦一件產品被賣出以後，在損益表

上，這筆銷售就會被認列為營收淨額，而單位成本則會反映在銷貨成本上。如果產品已被生產出來，卻還沒被賣掉，就會被認列為存貨，而其生產成本則會被認列在資產負債表上。我們在第 7 課會再談到資產負債表。如果你並不清楚每一件產品的單位成本，請讓會計或出納為你算出那個金額。

　　了解產品的單位成本是很重要的，因為當你需要為產品訂價時，這是其中一個關鍵要素。（其他重要因素還有你的競爭對手和營業費用，我們將在第 3 課做詳細的說明。）

　　若要使產品有利潤，你的售價必須**大幅**高於你的單位成本。假設你的貝殼 T 恤的銷貨成本是 15 美元，而你訂下的售價是 5 美元，那麼當你每賣出一件 T 恤，公司就會虧損 10 美元。如果這些 T 恤突然變得熱賣起來，那你的生意燒掉公司存款的速度，甚至會比美國政府消耗年度預算還要快！如果單位成本過高，或是售價過低，賣出越多單位的產品，不但不會帶來更多利潤，還會帶來更多的**虧損**。

　　你或許會問，「誰會好端端的把售價訂得比生產成本還低啊？」為了凸顯重點，我或許在這個例子上有些誇張了，但實際上在這樣做生意的人，比你想像中多得多。只有少數的中小企業主清楚知道他們所賣產品的真實銷貨成本，因此他們會根據錯誤的猜測來制訂售價。同樣的，很多經營服務業的商人也時常錯估他們的成本，特別是時間成本。當你無法清楚認知全部的直接成本時，定價就成了一場很昂貴的瞎猜遊戲。

　　在我的經驗中，比起過高的售價，絕大部分的案例都是定下太過低廉的價格。許多業務人員為了拚命吸引新客戶，往往不惜將售價壓低到成本以下，來刺激每個人的購買欲。去問問那些曾經以低折扣，如折價券來吸引客戶的人吧。那些促銷活動幾乎都會給公司帶來大幅虧損，而且吸引到的客人都不會是

忠實客戶，也不太可能願意以原價再次消費。這種生意不僅浪費行銷費用，更在每一次賣出產品時都造成虧損。

但有些產品有時候的確需要讓定價低於成本，例如對一家銷售易腐性商品、過季商品，或其技術性很容易被取代的商品，將存貨用非常大的折扣或特價脫手以換成現金，或許是合理的。除非商品是稀有的諸如鑽石或價值很高的骨董，否則大部分的存貨品都會隨時間過去而貶值，直到其變得毫無價值。就算低於成本，能拿回幾分錢總比什麼都沒有強，**但這應該是特殊例外的狀況，而不是你的慣例**。根據經驗，你的商品售價應該是銷貨成本**加上45%**，來抵消你銷售該產品所承擔的風險。這也會幫助你從每一筆銷售中得到足夠的毛利來支付公司的營業費用。舉例來說：如果銷貨成本是每單位5美元，我們將增加5美元的45%，也就是2.25美元，這樣我們就可以很輕鬆地找出每單位的最低售價。

（每單位的銷貨成本 $5）＋（$2.25）
＝ $7.25 ＝ 每單位的最低售價

你的目標是打造一個有利潤的生意，而不是維持一個很昂貴的興趣，然後害你住進貧民窟。為了讓你的生意可行，你必須確保在銷貨成本之上有足夠的溢價。

那如果商品價格不足以支付用來生產這些商品的成本，又可以採取哪些管理決策加以改善呢？以下是三個走回獲利軌道的可能方法：

1. **調漲售價**。但必須在客戶願意支付的範圍。
2. 藉由產品改造來**降低銷貨成本**。

3. 若商品無法在銷貨成本加上 45% 溢價的價錢賣出去，就**直接從商品陣容中將之捨棄**。

　　如果調漲價格**同時**降低銷貨成本，還可以讓銷售量維持不變，那你就等於中了樂透啦！一個扎實的整合行銷策略也許可以讓你做到這點。但請切記，如果單位售價過於接近商品的成本，那麼在公司採取行銷活動來促銷時，可能會讓公司陷入更深的財務黑洞。也不要在每一筆銷售都虧錢時，試圖以衝高銷售量來彌補虧損，這永遠都不會是一個可行的辦法。同樣的，不要死抱著那些無法創造足夠毛利的產品，要懂得放手。

　　每一樣產品或服務都需要**至少高於銷貨成本 45% 以上的溢價**。忘記那些每個人都想要卻不願花錢去購買的產品或服務，以及那些**你個人**非常喜愛，但卻不受到消費者青睞的產品或服務吧。這些東西將謀殺公司的潛在利潤。

毛利

　　好的，我們現在已經走過了損益表上最上面兩行會計科目了。你已大致了解營收淨額是如何產生以及如何算出的；你知道銷貨成本是什麼，也知道該成本是如何協助你計算出單位售價。如果你的目標是產生正數的淨值，即你做生意是有利潤的，你就應該明白必須讓商品售價比你的銷貨成本至少高出 45%。在將營收淨額扣掉銷貨成本後，剩下的就是毛利（Gross Margin），而非淨利（net income）。為什麼呢？因為毛利還沒有認列一家公司營運所需的一切費用。「毛利」有時也稱為「邊際貢獻」（contribution margin）或簡稱「邊際」（margin）。你只要記住，「毛利」、「邊際貢獻」，以及「邊際」指的都是一樣的東西，也就是營收淨額扣除銷貨成本以後的溢價金額。毛利就是我們所說在銷貨成本加上 45% 這塊的金額。雖然每個產業都有些許不

同，但對於毛利的最低門檻，一般設定在大於或等於營收淨額的 30%。如果你的毛利小於營收淨額的 30%，那麼公司就可能會遇到麻煩。

損益表是唯一一個呈現毛利額的報表，所以是一個你必須知道的數字。為什麼呢？因為**一家公司的營運，靠的不是營收淨額，而是毛利**。毛利才是你用來支付營運或間接成本以維持公司經營的金額。那些成本通常（但不限於）包括房租、保險、薪資（包含你自己的薪資！）、各種支出及行政開銷、專業費用（會計師及律師），以及地方和政府相關的稅負。

舉例來說，每一件貝殼 T 恤的製作成本是 5 美元。若每一件都以 15 美元賣出，那我們從每一件 T 恤上頭賺了多少毛利？

每單位售價 $15 − $5（單位成本）
= $10 單位毛利

這代表你每賣出一件 T 恤，這筆銷售就帶來 10 美元用以支付你的營業費用。如果售價和成本結構不變，我們賣出了 1,000 件 T 恤，那這筆銷售就產生了 1 萬美元的毛利：

1,000 件 ×$10 單位毛利
= $10,000 毛利額

現在我們在公司營運上終於有一些零錢可以調度了。好吧，我應該承認這不只是一些零錢。這是一個非常棒的正數。（閃亮亮公司的 T 恤是受到版權保護的設計圖案，而且可以很輕鬆的以高價售出。）實際上，這麼高的利潤已經足以讓你遙遙領先許多公司了，其中包括一些很大的公司。

讓我們舉雪佛蘭伏特（Chevy Volt）汽車為例。當伏特剛被引進時，通

用汽車（GM）需要花上 7 萬 9,000 美元來生產一輛伏特。這龐大的金額還只算直接製造成本，並不包含設計和發明這輛車的工程成本。而雪佛蘭將伏特的售價訂在 4 萬 9,000 美元，以提高在電動車市場的競爭力。如果你有注意到的話，這表示伏特在上市時，為其公司帶來了**負的**毛利。

通用汽車的所作所為，是你該像躲傳染病一般盡力避免的，他們的售價幾乎是生產成本的一半。以這樣的虧損程度來說，不如請美國政府補貼，要求他**們不要生產這款汽車**。或許讓工廠停工、一邊繼續付員工全額薪水以省下直接材料成本，代價還更便宜一些。但顯然利潤並非他們的目標，你懂我的意思。

除了大幅的負毛利，雪佛蘭還有另外一個大問題。伏特的售價 4 萬 9,000 美元，與競爭對手豐田所開出的售價 2 萬 9,000 美元，根本差了十萬八千里。因此，通用不但生產了一輛會讓公司虧損的汽車，而且也永遠沒有人會買這款車，因為根本不可能贏過競爭對手，這等於是一個沒有任何前途的產品。這故事告訴我們什麼呢？它告訴我們，單位售價必須要能涵蓋銷貨成本加上 45% 的溢價。同時，你的售價也必須能與當前市面上各種誘人的選項相匹敵。

就連大公司都會犯下這麼大的錯誤，現在你知道在汽車業界，負數的毛利是怎麼回事了。

和我一起唸一遍：**每樣產品或服務的毛利，都必須占營收淨額的 30% 以上，或比銷貨成本高出 45% 以上。**

有兩種方式可以幫你找出你的毛利：使用單位營收淨額或單位銷貨成本做為參考。我比較喜歡使用銷貨成本來當作初步指標，因為這讓你以真正的成本為起點，再往上加入溢價金額。如果你發現這會讓售價超過市場願意接受的範圍，你會比較知道如何在過程中妥善處理；你也比較能夠在不用犧牲品質（它有可能傷害你的品牌）的前提下加以調整（以降低生產成本），或增加產品或

服務的價值，好讓潛在客戶認同較高的售價也值得。

:: 方式① ▶▶▶ 利用營收淨額來決定最高銷貨成本以及最低毛利

假設每一件蝴蝶 T 恤的售價是 12 美元，就表示每件的營收淨額是 12 美元。而你的目標是讓毛利占它的 3 成，也就是每一件 T 恤有 3.60 美元的毛利。這也就代表每件的銷貨成本最多不得超過 8.40 美元。

換句話說，若你的目標是 30% 的毛利，則銷貨成本不應該高於售價（營收淨額）的 7 成。

:: 方式② ▶▶▶ 利用銷貨成本來決定售價及最低毛利

我們的閃亮亮公司 T 恤在第一季的銷貨成本高於預期，每一件高達 15 美元。若加上我們依經驗法則所定下的 45% 溢價金額，則我們就得將每件 T 恤的售價調漲到 21.75 美元，以確保 30% 以上的毛利。我們的確賣出了一些 T 恤給精品店，但並沒有賣出很多。在第二季，我們決定簡化圖案設計以降低銷貨成本。我們用網版印刷的方式，製作出同樣美麗卻簡單許多的設計。我們將網版印刷的費用對砍，並且透過更換供應商成功降低了 70% 的耗損。銷貨成本因此壓到一件不到 7.50 美元。

若現有的唯一資訊是單位銷貨成本為 7.50 美元，那麼你可以加上 45% 以得出最低的單位售價，以確保最低 30% 的毛利率。在第二季時，因為我們大幅降低了銷貨成本，使我們得以將每件 T 恤 10.87 美元的計算售價，進位到每件以定價 11 美元賣出。這幾乎是我們第一季售價的一半。但也因此，我們賣出的 T 恤比上一季多出數千件。

無論你採用哪種方式，總之別讓 T 恤的售價低於銷貨成本加上 45%，這是唯一能確保公司得到足夠的利潤以支付營業費用——固定費用、間接變動費

用、以及稅金——同時最終還能賺進正數的利潤。

我們重複一次我們的咒語，再跟著我唸一遍：**每樣產品或服務的毛利，都必須占營收淨額的 30% 以上，或比銷貨成本高出 45% 以上。**

固定費用

在損益表的下一行項目叫作固定費用（Fixed Expenses）。**固定費用不會隨著銷售量的浮動而改變。**無論銷售好壞甚至根本沒有賣出去，都一定得支付這些費用。這些費用就好像其名字所暗示的，不管賣出多少件 T 恤，固定費用都會是一樣的。舉例來說，房租就是固定費用的一種。試想，你的公司承租了某個空間，而在某個月份，銷售並不是特別的好。你打電話給房東，跟他說，「嗨，佛列德，我們二月的營收有點困難，所以可以先不付這個月的房租嗎？」如果你真的這麼說，會發生什麼事呢？

就如同全美學者協會總裁彼得‧伍德（Peter Wood）會說的，事情糟糕得就像「一個夾了蕁麻葉[1]和山葵醬的三明治」。你的房東才不在乎你的死活，他只想收到錢。如果你那個月賣不出任何一件 T 恤，那也是你自己的事。你還是得付房租，因為那是固定費用。

另外一個可以讓你比較愉悅地思考固定費用的方法，是把每一項固定費用想像成套住你脖子的繩圈。當營收開始下滑時，這些繩索就會開始收緊。這就是為什麼你的目標應該是**讓固定費用越低越好，且讓這樣的低額度保持越久越好。**固定費用越低，你需要賣出去的 T 恤（為了支付那些費用）自然也就越少。

---

1. 蕁麻草的莖葉上有螫毛，觸碰時痛如蜂螫，且具毒性；營養價值頗高，但口感辛辣。

　　我所認識最聰明且最成功的其中一位中小企業投資者給過我以下警告：「絕對不要緊追著固定費用。」他的意思是，不要增加你必須拚命提升銷量才付得出來的固定費用。你應該**讓你的銷售額成長快過於固定費用**。增加固定費用的必要時機，應該是當你手邊有許多訂單，而公司必須拚命去消化這些訂單時。

　　最好的管理者都是在產品已經備受市場肯定且銷量絕佳時，才會願意增加固定費用。讓營收和毛利幫你決定適當的固定費用水位，而不是讓固定費用來決定公司的營收和毛利，這就是中小企業的經營法寶。

變動費用

　　損益表的下一項是**變動費用**（Variable expenses），其會隨著銷售量而變化，因此稱為「變動」費用。但其實這類型的費用是屬於**間接**變動費用。（請記住，銷貨成本被歸入**直接**變動費用，因此在損益表中單獨占了一行。）當你賣掉越多 T 恤，間接變動費用（銷售佣金、行銷費用等等）經常會隨之增加；如果賣掉的 T 恤越少，變動費用也應該隨之減少。

　　有些變動費用比固定費用更容易控管。如果公司在當月銷售欠佳，比起像房租或薪資這種固定費用，像廣告費（屬行銷費用）這類變動費用，通常比較容易撙節。租約大都是一種中長期承諾，因此如果在營收下滑時才想要解約，將會是很困難的事。然而，聘雇一位社群網站專家通常是一種短期承諾，並且挺容易取消委託合作。廣告信或 email 行銷也是變動費用的一種，在營收低迷時可以很容易縮減。

　　值得一提的兩種變動費用是「折舊」和「利息支出」。你的公司或許有，也或許沒有這類費用；但你還是應該了解它們是什麼以及如何計算。

:: 折舊

　　當你添購昂貴的資產，或是當一個資產有好幾年的使用年限，例如一項設備或甚至一棟房子，我們在國稅局的那些「好朋友」，也對於該如何將這些大型採購歸入公司費用有其規範。一般來說，將會依該資產的耐用年限時程，逐年扣除該項支出的一定比例，直到初始購買價格被完全攤提完畢。那一部分的費用就稱之為**折舊**（depreciation），而且你將時常在損益表上看到折舊被歸類為預算的一部分。這並不是現金支出，卻是經營中的一種真實成本。在某一個時間點，你的公司總得要整修那棟房子，或將已耗損的電腦或設備替換掉。

　　為何需要逐年折舊，而不是在購買的當年就將整筆費用列入損益表呢？因為像電腦等資產不會被你在一年內就「用光」，因此你不需要在購入電腦當年就將整筆支出以費用的名義放進損益表。如何折舊各種不同的資產都有既定規範，像電腦通常有 3 年左右的耐用年限。根據會計原則所規範的折舊方式，折舊費用可以每年相同，或逐年不同；以固定或者變動費用認列攤提。在有折舊攤提的年度，公司的所得稅可獲抵減而降低，因為它可以折抵稅前所得。折舊每一年都會以費用的方式出現在你的損益表，直到其所代表的長期資產的價值已經完全攤提完畢。少繳一些稅金也等於幫公司留住現金，在公司手頭現金很緊時，是一個很實用的方式。在第 5 課介紹現金流量表時，我們會再多加說明，現在先別緊張，你現在只需要知道有折舊這麼一回事，並且它可以在計算獲利以及扣稅之前，以固定或變動費用的形式出現。下一回你在損益表上再見到這個名詞時，就不會感覺如此陌生。

:: 利息支出

　　另外值得一提的變動費用是**利息支出**（Interest Expense）。如果你曾經

為公司所需要的採購申請貸款或信用額度等短期債務（指需在一年內償還的債務），其資金成本就稱為利息支出。在損益表上，利息支出這項目所出現的那一行，就叫作「利息支出」。

用來支付長期負債（例如房貸）的利息支出，在**付款**的當月份也會被認列在損益表上。（別為你自己覺得這些支出聽起來像固定費用而焦慮；你的會計師會知道該將它們歸在哪個類別的，對於國稅局和你聰明的股東而言，這樣就夠了。）總而言之，不管是短期還是長期的利息支出都會出現在公司的損益表上，而且會降低營收和利潤。（當我們在第 8 課談到與債務纏鬥時，會再仔細聊聊應如何降低以及何時降低利息支出。）

稅前盈餘

如果把毛利額扣除掉固定和變動費用，剩下的就是**稅前盈餘**（Earnings Before Tax; EBT）。政府將稅前和稅後分得非常清楚，而你也該這麼做。稅前盈餘**並非**利潤。它們單純只是在尚未將所得稅付給政府以及公司所在當地政府之前的營運盈餘。其實關於這個話題還有許多要談，但目前你只需要知道，你必須從稅前盈餘當中扣除掉營業所得稅。

對一間小公司的利潤而言，**沒有任何東西**的影響力大過於損益表上的所得稅欄位了。普遍而言，盈餘的 40% 到 50% 都拿來支付所得稅了。因此，當所得稅上升，哪怕只增加幾個百分點，都幾乎會吃掉你的利潤（你可能已經知道這點了）。所得稅是損益表上的最後一項費用，而它們通常也是經營時所面臨到的最貴費用之一。

中小企業的經營者往往會試圖降低稅前盈餘，以便將所得稅的支出降到最低。短期看來，這的確是有效的，但假如這家公司命中注定將會被出售，而它

的損益表在過去幾年內若有呈現出更好的營業利潤，就可能可以拉高售價。所以如果你的最終目標是把公司脫手，請務必和會計師討論這一點。舉例而言，有許多合法的折舊費用計算方式，會在短期及長期內對營業利潤造成影響，而這一切都取決於你想留下什麼樣的結局。對我來說，我喜歡見到投資報酬率。如果我在一家公司投注了多年心力，在經過那麼多年的流血流汗後，那家公司得要有一定的價值。

稅金

我答應過你，這本書不會討論到稅務法規，因此我們不會談到那些細節。但有一些稅金（Taxes）的基本知識是你需要注意的。你已經有會計師和律師陪著你一起走過那些細節了。你只要知道，在美國經商，一家公司必須要繳聯邦稅金；你的公司也有可能需要付州政府稅，而在某些情況下，你甚至有可能需要付市政或城市稅[2]。你現在已經知道，稅率會對利潤造成絕大影響。所得稅費用是在計算淨利之前的最後一項費用，比起幾乎所有損益表上的各個項目，稅率可以說決定了淨利的數字。當你聽到像蘋果電腦之類的公司大舉遷移到德州奧斯汀市，或幾乎一個月有 200 家公司大舉遷移到佛羅里達州，我想，他們都是因為那邊的稅率對做生意而言更加有利吧。

淨收益

好的，我們來複習一下吧。在我們掌握了營收淨額並減去了銷貨成本（直接變動費用）後，剩下的是毛利總額。接著，我們扣除掉固定費用以及間接變

---

2. 我國營利事業所得稅的稅率，請參照財政部稅務網站。

動費用，還有營業稅，最終得出了一個數目：**淨收益**（Net Income），或稱為**淨利**（net profit）、bottom line。這三個名詞所指的是一模一樣的東西。

　　做生意的目的不是為了損益兩平，或長期下來不斷的虧損。如果一家公司非常擅長服務客戶，提供有創意的解決方案，並且願意承擔風險，這家公司就應該會得到相當好的報酬。正數的淨利是永續經營的關鍵。對於一間可行的公司而言，達到利潤必須是首要目標。

　　我們一起來看看閃亮亮公司是否能創造出正數的淨收益吧。在本月，這家公司一共賣出 1,000 件 T 恤。每一件 T 恤的售價都是 15 美元，而製作成本是每件 5 美元。本月的固定費用是 2,000 美元，變動費用是 3,000 美元。營業所得稅是盈餘的 50%。以上資訊均顯示在圖表 2-1。那麼公司在本月創造了多少淨利呢？

圖表2-1

閃亮亮公司
當月損益表

營收	$15,000	100%
減：銷貨成本	($5,000)	33%
等於：毛利	$10,000	66%
減：固定費用	($2,000)	13%
減：變動費用	($3,000)	20%
等於：稅前盈餘	$5,000	33%
減：稅金@50%	($2,500)	17%
淨利	$2,500	17%

注：50%稅金為假設數字。

　　哇塞！公司的確是有賺錢的；它在本月月底的帳面上顯示出了正數的$2,500淨利。如果淨利是正數，就表示這家公司正在賺錢。

　　但這樣有多賺錢呢？在淨利數字的右邊，那個17%代表每一元營收金額中，有17分是淨利。感覺並不是很多錢，是吧？但這其實算不錯了。如果你經營的是街角那家雜貨店，你的淨利大概會是2分錢吧。沒錯。街角那間雜貨店每收入1塊錢，大約只能賺進2分錢，有時還不到呢！下次你去買東西吃時，請想想你是多麼幸運，竟然有人願意且有動機去蓋一家店、進各種貨、請人事、還要維持好這間店，好讓我們每天得以買到咖啡、雞蛋和牛奶。

　　那假如淨利是負數呢？你已經猜到了。那就代表你正在虧錢。這是否代表你很快就得關門大吉了呢？這倒不一定。你可以撐過幾段較蕭條的時期，仍能經營下去。實際上，因為不同產業會有不同的週期，每家公司都會在不同的月份出現旺季或淡季。如果你經營的是一間零售商店，在11和12月，靠近假日期間，應該會銷售暢旺。如果你經營的是一家海洋度假村，當大家都已經受

夠了鏟雪季以後，生意應該會在 12 月至 2 月之間達到高峰期。如果你經營的是一家休閒餐廳，你最好星期六有開門營業，因為那是大多數客人最有可能外食的一天，所以星期六是高營收的日子。在有強勁營收的月份，公司的淨利應該會是正數；而當營收低迷時，受到固定費用（例如房租，不管你賣出的數量多寡都一直存在）的拖累，當月利潤較有可能會是負數。

你的目標應該是**每一季**拿出一致的利潤。你的生意可以容忍一個月的蕭條，但目標應該是調整節奏和方向，並在當季結算時端出利潤，否則就表示你的生意正在陷入麻煩中。長期而言，一家公司無法持續虧損而仍能存活。若利潤持續三個月以上都是負數，就表示這家公司的某些部分肯定有問題，需要立即修正。

每月持續追蹤營收和營運成本（間接變動費用）以抓出問題出在哪裡，是非常重要的。如果毛利沒有達到或超過營收的 30%，那就仔細看客戶都在買哪些類型的產品、這些產品的售價和銷貨成本如何。如果毛利率正常，但稅前盈餘偏低，那就仔細觀察固定和變動費用花了你多少錢，進而找出有創意的方式來降低支出。向你的同業請益他們是如何管理那些費用的；了解公司的收入和支出模式，同時也能幫助你了解哪些月份的收入較低迷，就不至於在淡季來臨時措手不及。第 5 課所談的現金流量表也可以幫助你。

經營標竿

現在你已經清楚損益表是什麼，以及它所量測的內容了；以下是一些可以幫助你在每個月讓你的公司奔向利潤的標竿數字：

首先，請你的會計或出納將每個月的公司損益表印出來。一般而言是在調節完當月份的所有收入和費用之後。就像我們在這一課所做的那樣，一行行

的仔細讀過那些項目，努力的逐一分析並融會貫通。別怕去請教你的會計或出納，請他們解釋其中一些數字。（會計師也不是完美的，而且我們並沒有在此舉出每一種有可能發生的費用。）

一旦你看懂了那些數字，再仔細看看公司目前的動向。回到圖表 2-1，仔細觀察最右邊的百分比欄位。每一項都是以營收為計算時的分母，所以營收是 100%。

營收永遠都會是關鍵比率的參照點。我在此再次強調，將毛利控制在營收的 30% **或更高**，並且將銷貨成本維持在營收的 70% **或更低**，是至關重要的。根據經驗法則，視不同產業別以及生意經營了多久，固定費用應該控制在營收的 20% 左右，而變動成本也應該控制在相同的水準，也就是 20% 上下。

若你公司可以達到這些標竿或非常接近，那實在太棒了。請務必注意，在營收上升時，隨著公司服務更多客戶，費用通常也會隨之增加。為了保持良好狀態，關鍵將是讓**營收增加的速度大於費用增加的速度**。許多新創企業，包括那些資金充裕的公司，往往會讓費用成長得太快，並且在營收足以支應那些開銷以前，就把資金燒光了。

在你的公司有穩定且經常購買的客群以前，務必將固定費用維持在最低限度，越低越好。繼續在你的地下室、車庫或客廳，或甚至只在你腦袋裡，經營你的小公司吧。如果能夠不簽租約，那就盡可能先不要簽。（蘋果電腦是從在加州庫珀蒂諾市的一個車庫起家，是有原因的。）

要增加公司的產品或服務項目時，只能增加那些依據其售價及銷貨成本，可以達到至少 30% 毛利率的產品或服務。每一項被銷售的商品都應該能**提升**平均毛利率，而非拉低它。你**不可能**靠衝量來補足的毛利率缺口，請別輕易嘗試。

在第 3 課，我們將從不同的公司型態來檢視損益表。你頭頂上的那顆電燈泡將會亮起，而將會了解到你在任一門生意中可以改善些什麼，才會讓公司得以成功。相信我，我在實務界看過上千個這種案例。現在換你了。

▍第2課重點整理▐

- 損益表揭露出一家公司是否有獲利還是在虧損。如果你的淨利（淨收益）是正數，表示你的生意正在賺錢；若是負數，則你的生意正在賠錢。

- 損益表上的第一行是營收（營收淨額），記錄著當月的銷售金額。

- 損益表上的第二行是銷貨成本，也就是用於製造一個可銷售產品的直接成本，其包含直接人力成本和直接原料成本。

- 如果已經知道銷貨成本，要訂定售價時，請記得你的生意一定要能以銷貨成本加上 45% 的溢價銷售該商品，否則根本不值得去做這種生意。

- 若市場不願意支付那樣的價錢，就應該考慮是否將該產品從產品陣容中抽掉，或改變其成本結構。

- 應該只有在需要沖銷掉日益貶值的存貨時，才能將商品以低於銷貨成本的售價賤賣，並且只能在很短的期限內盡快處理掉。

- 損益表的第三行項目是毛利。為達到足夠的毛利額以支付固定和變動費用，此數目應該至少等於營收的 30%。

- 夠高的毛利率是經營一家有獲利公司的關鍵，並且應該在每個月都計算毛利率。損益表是唯一有檢視毛利率的報表。

- 固定費用不會隨著銷售量而改變。你應該將固定費用降到越低越好，其不應超過每月營收的 20%。

- 當公司售出越多商品給客人時，變動費用也會隨之增加。將變動費用保持在營收的 20% 以下，以確保不會失控。

- 稅前盈餘是除了稅負以外的所有費用都已經從營收淨額中扣除後的數目。若稅前盈餘占營收 10% 以上，則淨利應該會處在一個穩健的範圍內。

- 稅負支出要從稅前盈餘中扣除。從經驗來看，你應該將淨利至少控制在營收的 5% 以上。這代表公司每 1 塊錢的銷售額中，都可以獲取至少 5 分錢的淨利。

- 長期成功經營的關鍵，就是讓每一季的淨利都維持在正數。

利用損益表
來改善利潤──
行駛中，最好全神貫注

有利潤，代表你將時間、心力，以及珍貴而稀少的資源（例如現金）
投入正確的地方，因而達到最佳投資報酬率。

若沒有獲利又不想關門大吉，那麼我們就需要看損益表「抓漏」，
找出改善方法。「抓漏」及「防漏」就是第 3 課的重點。

| 你可以學到這些 |

- 檢查獲利狀況的第一個指標就是毛利。

- 檢視你的銷貨成本是否合理。

- 8 招助你調高售價。

- 找出哪些客戶對你的營收，甚至是淨利，有最大的影響，將他
  們組合起來。

現在你已經了解我們可以從當月損益表學到的事，也就是你的生意是有利潤還是在虧損中，你已擁有一個可以讓你做出決策的框架了，但接下來的挑戰是該如何使用這樣的資訊來經營你的生意，以便將利潤最大化並緊緊守住你的支出。

達到更高的利潤率並不代表占不知情客戶的便宜。相反的，它代表的是你在帶更多價值給客戶的同時，很明智的選擇該如何投資你的時間、心力，以及珍貴而稀少的資源（例如現金），因而達到最佳投資報酬率。若一家公司提供的售價和價值並不等值，客戶就不會向那家公司購買。

如果一家公司提供出色的產品或服務，但卻無法獲利，那麼在不久的將來，全世界將再也無法得到這些高水準的產品或服務。利潤就是客戶足夠喜愛一家公司的產品或服務，以至於願意將他們辛苦賺來的錢花在這家公司，**同時**公司的管理階層也將收支管理得非常出色的鐵證。利潤是其中一個很重要的穩健指標，證明一間公司可以持續經營，並且管理得當。

邁向利潤：製造業

讓我們重新回到公司經營模擬，並且練習使用損益表來把一家公司帶向利潤吧。我們可以從一家賣有形商品——杯子蛋糕，名為 Cupcakes R Us 的公司開始。這家公司有賺錢嗎？仔細瞧瞧圖表 3-1 的損益表，並且自己判斷吧。（請牢記：括號裡的數字表示負數。）

你的判斷是什麼呢？若你想說的是，這間公司一個月虧損 4,500 美元，那麼你完全正確。很明顯的，如果 Cupcakes R Us 還想繼續經營下去，一定要改變某些要素。我們一起來診斷這份損益表，以找出他們為何會虧錢吧。我會關注的第一件事是，檢查毛利是否有跨過我們所設下的，大於或等於營收的

30% 這道門檻。若沒有達到，而我們還想繼續開門做生意，就需要找出方法來改善它。

該如何提升毛利

對 Cupcakes R Us 而言，最大的挑戰在於其毛利過低，無法支付所有的營業相關費用。將淨利從負數轉為正數的唯一方式，就是找出可以提升毛利的辦法。以下是一些可行的方法：

圖表 3-1

Cupcakes R Us
一月份損益表

營收	$4,500	100%
銷貨成本	($3,500)	78%
毛利總額	$1,000	22%
固定費用：		
房租	($1,500)	33%
變動費用：		
行銷	($1,000)	
公共事業費（水電）	($150)	
電話費	($100)	
保險	($150)	
用品	($1000)	
兼職員工	($1000)	
網路支援	($500)	
會計	($100)	
變動費用總額：	($4,000)	88%
費用總額	($5,500)	
稅前盈餘	($4,500)	
所得稅費用	000	
淨利	($4,500)	

:: 降低銷貨成本

我們要檢查的第一個指標就是毛利。如果你還記得我們在前一章念過的咒語，若一間公司希望可以獲利，則毛利**至少**要是營收的 30% 以上。在這裡，毛利率只有 22%。而如果希望毛利可以達到 30% 以上，則銷貨成本至少應該等於或**低於** 70%。如你所見，銷貨成本占了 Cupcakes R Us 營收的 78%。這表示在 Cupcakes R Us 經由銷售所得到的每一美元當中，有 $0.78 都被用以支付製作杯子蛋糕的原料費以及人力了。這數目就是他們的每單位成本。若想將毛利率提升到一個較安全的水準，這個數字就必須降到 $0.70 以下。有許多種方法可以達到這個目的，而第一種方法就是研究 Cupcakes R Us 能否降低直接成本。

如同我在第 2 課所說，很少有中小企業經營者真正了解自己的一切直接材料和人力成本，而這樣的無知**並不是**一件好事；這無異於你閉著眼開車一樣危險。為好好經營 Cupcakes R Us，我們需要知道用來測量、混合原料，以及烘焙出一批美味的杯子蛋糕所需要的確切時間和人力；我們也得知道做出那些誘人甜點所需要的直接材料（例如那些滑順的比利時巧克力、牛油、麵粉及糖）的成本。最後，我們更需要知道每一種商品的每一單位成本是多少。一旦知道了每單位直接成本，就要檢視我們的零售價，並且確認售價大約等於成本加上 45% 的溢價金額。這麼做可以確保每一樣產品都能讓我們達到 30% 的毛利率。請記住，產品線中的每一個品項都必須達到 30% 的毛利率，否則將會拉低整體的毛利率水準。

我們一起來看看 Cupcakes R Us 的直接成本細項吧。這間烘培坊販售兩種不同的杯子蛋糕，分別是巧克力和蔓越莓口味。在這個案例中，蔓越莓杯子蛋糕的製作成本高於巧克力口味，尤其是當蔓越莓不在產季的月份（例如 1

月），其成本更會節節上升。因此，在 1 月時，我們的每單位銷貨成本明細
如下：

- 巧克力：每單位 $1.40
- 蔓越莓：每單位 $2.10

現在我們一起來用銷售價格對比檢視這些銷貨成本吧。在 1 月時，巧克
力口味杯子蛋糕的售價為每個 2 美元，而蔓越莓的售價則是每個 2.5 美元。我
們需要判定每單位毛利額（也就是每單位售價減去每單位成本），接著將毛利
除以每單位售價，來判定其淨利占營收的百分比。以 Cupcakes R Us 為例，
我們得到以下的數目：

巧克力口味：

$2.00（每單位售價）— $1.40（銷貨成本）= $0.60（毛利）
$0.60÷$2.00 = 30%（真是鬆一口氣！）

蔓越莓口味：

$2.50（每單位售價）— $2.10（銷貨成本）= $0.40（毛利）
$0.40÷$2.50 = 16%（噢～不妙！）

如你所見，巧克力杯子蛋糕的毛利率才剛剛好，但蔓越莓杯子蛋糕的毛利
率卻幾乎只有理想目標的一半而已。啊哈！現在我們完全明白是什麼因素使得
毛利總額降到只有營收的 22% 了。

下一個步驟顯然是檢視我們是否有辦法修正蔓越莓蛋糕的銷貨成本。首
先，了解一間公司負擔得起的最大銷貨成本是一件好事。我們已經知道如果要

得出 30% 的毛利，銷貨成本最多**不可超過**售價的 70%。因此，如果我們將蔓越莓蛋糕的零售價維持在每個 2.5 美元，則我們需要將最大銷貨成本從目前的每單位 2.10 美元下降至每單位 1.75 美元（2.50×0.70 ＝ 1.75）。換言之，我們需要設法將每一單位的蔓越莓蛋糕的製作和運送成本從目前支付的金額，下降 0.35 美元。有哪些方法呢？

其中一個解決方式是，只有在一年中的特定時段才供應蔓越莓杯子蛋糕，也就是在一年中原物料最便宜的時候。此舉不僅能降低銷貨成本，更會讓客人產生一種急迫感，讓他們更有意願在供應期間進行購買。其他可能可以採取的方法如下：

- 和供應商協調以取得大量採購的折扣。
- 使用不同的材料、組合或物料來重新設計該商品。
- 找出低價的合作方式。舉例來說，如果你現在是在自家廚房烘焙，但卻需要更大的空間，與其直接簽下一間烘焙坊的租約，不如向商業設備公司租用烤箱或廚房設備。
- 找尋新的原物料來源。

∷ 調漲售價

若以上策略都無法將銷貨成本降到 70%，則我們就得考慮調漲零售價是否可行。假設我們**完全無法**降低蔓越莓杯子蛋糕的銷貨成本，如果想取得 30% 的毛利，則需要將售價提高多少？如同前文所提，一般經驗法則都是將零售價設在銷貨成本再加上 45% 的水準。

我們可以先從計算這個要加上去的數目（在第 2 課我們稱之為「溢價金

額」）開始，並且再加上每單位成本。

2.10 × 0.45 = 0.945

$2.10 + 0.95（進位計算）

= $3.05（新的每單位零售價格）

這個新的零售價格可以讓毛利站在一個更為穩健的位置。售價減去成本等於毛利；因此：

$3.05（新的每單位零售價格）— $2.10（銷貨成本）

= $0.95（毛利）

$0.95 ÷ $3.05 = 31%

（然後損益表又再度回到穩健狀態了！）

相對的，我們也可以藉著將目前的銷貨成本設為零售價格（以 x 表示）的70%（0.7），來將目標放在剛好 30% 的毛利。以下是計算方式：

$2.10（銷貨成本）÷ $0.7x$（也就是零售價格 x 的 0.7 ＝ 銷貨成本 ＝ $0.7x$）

$2.10 ÷ 0.70（70%）= $3.00

瞧！我們的每單位的新售價就是 $3.00。

如你所見，如果我們無法調降銷貨成本，就得將每單位的蔓越莓杯子蛋糕的售價調漲至少 50 分，以達到 30% 的毛利。但是，我們的客人會願意多花 50 分錢在杯子蛋糕上嗎？

那倘若我們有辦法將蔓越莓蛋糕的每單位銷貨成本略微降低，但還不到售

價的 70% 呢？我們先假設，在和一位新的蔓越莓供應商議價後，可以在每單位蛋糕的直接成本省下 0.15 美元，銷貨成本也因此從 2.10 降到 1.95 美元。現在，我們仍然需要調升售價以達到 30% 的毛利，但這時候不需要調漲那麼多了。使用銷貨成本計算的方式，如果我們將 1.95 美元加上 45%（也就是 1.95×1.45），我們得出的單位售價會是 2.83（已進位）美元。若是使用營收計算方式，也就是將我們的單位成本 1.95 美元設為零售價的 70%，則我們的新售價會變成每單位 2.79 美元。使用新的單位成本，我們可以將蔓越莓杯子蛋糕的售價訂在每個 2.79 至 2.82 美元之間，以取得足夠的毛利（也就是能夠持續經營下去）。如你所見，在試圖達到你的理想銷貨成本和毛利目標時，降低成本以及調升售價是可以結合運用的策略。

∷ **合併銷售**

　　另外一種方式是將毛利較低的產品與毛利較高的產品合併銷售，並訂定客人最低需要購買的數量，如此一來，客人就必須一次購買多樣產品。

一次多買幾個

在 Cupcakes R Us 的例子，這代表若客人希望購買蔓越莓杯子蛋糕，也必須同時購買巧克力口味才行。這麼做是行得通的，只要我們的銷貨成本和售價制訂得宜，以讓此合併銷售策略的平均毛利可以達到 30%。合併銷售也可以避免客戶過於精打細算，即只願購買毛利較低的產品，因為那樣可能會讓公司很快掉進過低、甚至負數的利潤。

:: 大量賣出，而非一次只賣出一兩個

大銷量是可以帶來幫助的，因為在大量採購時，公司往往可以在原物料取得較好的折扣，以便降低銷貨成本。與其一次以 3.00 美元賣出一個杯子蛋糕，一筆非常大的訂單可能可以達到上百倍的營收，並且每單位的成本也較低。在這時，每單位售價也會隨之下降，但要將毛利維持在 30% 則可能相形之下較容易。在投入行銷費用以提升銷售量之前，請確認在你的公司，以上前提的確是可行的。對 Cupcakes R Us 而言，我們需要做一些市場研究以找出可以大量賣出杯子蛋糕的方法。

有哪些目標客戶、一年當中的哪些時節，或在客戶的一生當中，有哪些是客戶可能會希望大量買入杯子蛋糕的時候？派對嗎？婚禮？孩子滿月或週歲？年底？還是慶祝新年呢？一個大量的單張訂單，就有可能達到上百美元的銷售收入。

:: 剔除低毛利的蔓越莓杯子蛋糕

為確保我們的淨利，最後一個不得已的選擇就是從產品線中徹底剔除低毛利的產品。有時，剔除非常低毛利的商品是一個將你無法從中獲利的客人，丟到你的競爭對手那兒去的好辦法。問問客人的意見：他們會願意為了蔓越莓杯子蛋糕付更高的金額嗎？在售價不變的前提下，你可以縮小蔓越莓杯子蛋糕的

尺寸嗎？讓你的客戶協助你做出這類型的決定。

提高售價並維持銷售量 8 招

因為價格會驅動收入，在損益表上幾乎沒有任何其他項目，對利潤的影響會像價格那麼大。更高的售價代表更高的收入，**只要確保提高售價不會降低銷售量**。但調漲售價，對許多中小企業經營者而言，就等於加快了他們的心跳。他們認為一旦漲價，客戶就不會再向公司購買產品。但其實並不盡然。只要你注意如何在提高售價的同時也保持銷售量的相關作法，這的確是可以做得到的。以下 8 種方法，會告訴你如何調漲售價，好讓顧客接受而非抗拒。

:: Tips ① ▶▶▶ 觀察競爭對手的售價

每當我想開發一個新事業，我會搖身一變成為一個秘密客，暗中拜訪我的競爭對手。我會觀察對手所提供的產品以及其價格，他們的產品有使用更好的原料或物料嗎？他們經營的品項和我相同嗎？他們的顧客服務非常棒還是糟透了？如果我有疑問，我可以在現場和真人交談嗎？整體的顧客體驗是什麼樣的感受？他們在網路上的顧客評價如何？在我蒐集以上資訊後，我會決定他們值不值得其售價。

我建議你要觀察在你的利基市場中至少 5 位競爭對手，以判定你的售價是否適當。順便一提，我發覺大部分的中小企業經常把售價定得太低，而不是太高。

對於定價太低這件事，以下是你需要謹記的經驗之談，它可能看似有違常理，但證明一間公司的售價可能過低的指標之一，就是它的成交率過高。舉例來說，有一位開廣告公司的朋友就曾經告訴我，他的銷售成交率高達 80%；

在 10 個看過他做過介紹的人當中，有 8 位會選擇他的公司。當我告訴他，這是一個很差勁的成交率時，他驚呆了。為什麼？他之所以能夠得到那麼多筆生意，是因為定價過低。在他的行業中，若是成交率有到 25%，就會知道他的價格是很有競爭力的。他的定價方案意味著以過低的毛利，服務了過多的客戶。也難怪他幾乎付不出經營相關的費用了。

:: Tips ② ▶▶▶ 提高售價並保持你的競爭力

假設我們為 Cupcakes R Us 這間公司當幾天的秘密客，並發現了一家敵對的杯子蛋糕店，其蔓越莓蛋糕不但是使用果醬（我們是用新鮮莓果），而且一個蛋糕要價 3.75 美元。在這之前，我們也考慮過要將我們的售價調漲到每個 3.00 美元，並衷心希望顧客會願意買單；但我們現在發現顧客已經在為較劣等的商品付出更高的金額了。這告訴我們，我們其實還是有機會將售價調高到每個蛋糕 3.25 美元以上，並且仍然可以保持足夠的競爭力來維持銷售量。若能成功，蔓越莓杯子蛋糕就可以為我們帶進 30% 以上的毛利，而 30% 是我們的最低標準。的確，一次漲價 0.75 美元不是什麼容易的事，但假如競爭對手已經比我們貴上許多，顧客是有可能會願意為了一個更優秀的產品付出更多，用以補償我們的公司。

:: Tips ③ ▶▶▶ 別全面性調漲售價

你應該調整某特定類型的商品售價，尤其是銷路好、顧客價值感高的產品，例如很難在別家找到或有獨特性的商品，顧客將會更願意接受新的價格。至少在短期內，你其他產品的售價應保持不變。給顧客一個消化漲價的機會，並且提供一個若是大量消費就可以享有的特定優惠方案。提供一個繼續向你，而非向你的競爭對手購買的獎勵方案。

:: Tips ④ ▶▶▶ 小幅度的慢慢調漲，而不是一次漲足

Netflix 在美國市場有次調整價格一口氣就漲了 60%，事件鬧得很大。成群憤怒的顧客紛紛捨棄 Netflix 而去。通常來說，大部分顧客不會為了 10 到 12% 的漲幅而憤怒。你只需要確保公司沒有在最暢銷的產品上虧錢。若是不同產品的平均售價還可以讓你賺進 30% 以上的毛利，就應該要滿足了。

:: Tips ⑤ ▶▶▶ 在更動售價前，先告知顧客

讓顧客事先得知價格調漲的消息可以讓他們更有心理準備。是的，這的確會讓客人更早跑去你的競爭對手那邊消費，所以你在調漲之前需要先知道競爭對手的售價。同時，在售價正式調漲以前，顧客可能會暫時增加更多消費。如果你有一群很重要並且消費額很高的客戶，在正式發布漲價消息之前，你應該花一些時間打電話或親自和他們見面。一個一個聯繫固然很花時間，但這會讓你的公司得到許多信任。這會降低調漲消息的傷害，並且幫助你保護核心的生意關係。同時，這也代表你將客戶視為夥伴，而不是自動提款機。調漲也適用於那條黃金法則：你希望別人如何待你，就應如何待人。

:: Tips ⑥ ▶▶▶ 在發布新售價消息時，正確性很重要

曾經有一家賣真空管的公司，在 12 月時寄了一份新的報價單給公司所有的客戶。但那份報價單出現一個很嚴重的錯誤：售價都是錯誤的。真實售價其實都比新報價單上的售價來得更高。真慘！在發出消息前，務必確認再確認才行。

:: Tips ⑦ ▶▶▶ 時機就是一切

年底通常是一個宣布下一年起將調漲的好時機。大多數公司經營者和個人

都很習慣在這時候收到售價調漲的消息。保險、健保和公用事業通常都是在年底宣布即將調漲的消息。在新價格正式實施前，給客戶至少 30 天做準備。在賣場豎起一個明確、看起來專業的告示板。而如果你的顧客不僅是一般個人消費者，也有企業客戶，那你應該給他們至少 3 個月的時間做準備，好讓他們可以將調漲的部分納入明年的預算中考量。

:: Tips ⑧ ▶▶▶ 強化你公司所提供的價值

重點不在於客戶願意付出多少，以換取你的產品或服務；而是你的公司能夠提供多少價值。你的商品價格以及宣傳方式應該要能喚起你的顧客，讓他們聯想到那些產品和服務對他們的成功帶來多麼重要的貢獻。價格上揚，代表有更高的專業價值，這麼一來你將會很驚喜的發現，你所提供的商品，成功的吸引到那些注重品質的買家了。

多元化開發客戶群

關於管理顧客以及了解他們對你的毛利率的影響力，還有更多你需要知道的事。就像並非每一樣產品都對你的毛利率有相同的貢獻，每一位客戶的貢獻也不盡相同。每一位中小企業經營者都應該仔細審視公司產品的購買者是誰、他們買了哪些產品（或服務），以及購買金額與公司總營收的關係。這能幫你找出哪些客戶對你的營收，甚至是淨利，有最大的影響。

每一位消費者或客戶，都好比一個投資組合中的一家公司。一個健全的投資組合設計，應該都不會讓任何單項投資有危害到整體組合的可能。同樣的，中小企業經營者需要學習管理他們的客戶，不要讓任何一位客戶可能會對公司的收入造成重大風險。

　　我曾實際使用這種的思考模式，而這種思考對我輔導的公司所帶來的效果好到讓我驚訝──它讓公司更容易預測自己的收入。而我很少看到這樣的策略被應用在會計上。如果你能實際應用，將能帶來不可置信的威力。擁有很多小型客戶是一件好事，這能幫助你分散你的收入風險。小型客戶不太能要求很高的折扣，因此如果你有很多小客戶，你的毛利率應該較高。所以別輕視你的小型客戶：他們才是幫你付帳、支撐你公司活下去的人。

　　同時，多元化的客戶群會讓你的生意在投資者眼中更有吸引力，因為投資者會看出你的經營風險是可控制的。

　　舉例來說，假設你是一位投資人，正試圖從兩家投資標的中做取捨。分別是詹家五金行以及喬家五金行。這兩間公司銷售的產品非常類似，且兩家都各自擁有經常向他們採購的 100 位客戶。但是兩家公司的客戶購買金額的分布狀況截然不同：

詹家五金行的客戶　｜　喬家五金行的客戶

詹家五金行	喬家五金行
顧客A ＝占總收入的90%	顧客A ＝占總收入的10%
其他顧客 ＝占總收入的10%	其他顧客 ＝占總收入的90%

　　哪裡出了問題？詹家擁有一位等同於 300 公斤黑猩猩的超重量級客戶，詹家每得到 10 塊錢的收入，其中有 9 塊錢都是來自這位客戶。這很棒——只要這位客戶會持續一直向他購買。但當那位客戶離開時，會發生什麼事？詹家五金行將會面臨極大的困境，因為詹家一定無法在一夜之間補足那 90% 的收入。事實上，詹家很可能需要找到**很多**別的客戶，才能彌補那位大客戶離開後所留下的收入缺口，而要找到很多新的收入來源，需要花費許多時間和心力。此外，詹家很有可能為了盡力服務好顧客 A，而砸下許多營業費用，其中有一部分應該是固定費用。當顧客 A 離去，詹家將剩下一堆不斷增加的帳單，而他的營收則會比那斯達克指數崩盤得還快。

　　另一方面，喬家有一位貢獻占總收入 10% 的客戶，而其餘客戶的貢獻均不超過總營收的 10%。喬家擁有多元化的客戶群，如果顧客 A 離喬家而去，雖然喬家的收入會隨之下滑，但生意不會像詹家那樣受到極大衝擊。喬家依然可以用來自於其他客戶的營收和毛利支付帳單，喬家也會比較快恢復元氣。損失一位客戶不致把喬家五金行的淨利拉到負數，這就是客戶群多元化的美妙之處。

　　另外一個很重要的觀念是，你要知道，一個大客戶並不表示就會讓你更有利潤；實際上，大客戶有時可能會讓你開銷很大，任何一位做過政府單位生意的人都會這樣告訴你。大客戶擁有價錢的談判優勢，因此他們會指望得到更多

折扣；但他們付錢非常慢；而且會指望你公司的管理階層比婦產科醫生還有時間陪他們。大客戶可能也會要求你專門設置一套獨特的系統和流程，好符合他們自己的系統規格，以便與他們的組織內部溝通。對你的公司而言，這可能意味著更高的固定費用。

如果一個要求很多、維持成本很高的客戶，卻只願意購買你毛利最低的產品，那麼你就需要與該客戶會面，針對最低額度的訂單與售價進行談判。若談判的結果不佳，那可能就是你該把客戶炒魷魚的時候了（當然要以委婉的方式），並且把這個低毛利率的生意送給你的競爭對手吧。這永遠都會是一個可能的選項。

小心，別被打臉

這是另外一個真實案例，會讓你更深入了解客戶多元化的重要性。假裝你的公司製造一種可以讓人返老還童、非常神奇的抗老面霜。有一家五星級連鎖飯店聽說了這項產品，想引進在他們旗下的所有溫泉會館販售，因而下了一個超級大的訂單。對你的公司來說，這個 6 位數字的訂單是有史以來最大的一筆。為慶祝這場重要的勝利，你開了無數瓶香檳。現在你的公司需要生產這些產品，並且將其運送到各個溫泉會館。為此，你的公司向銀行借了很多現金來採購物料、製造產品，再把它包裝並且運送出去。

兩個月後，管理階層接到了一通來自該連鎖集團的採購人員致命的電話，她說，你的產品滯銷了，她希望能夠退回所有的未出售產品。天哪！你猜，在一開始製造產品時，是誰支付銷貨成本的？現在誰要付出代價？之後又是誰可能會因為面霜無法久放，而被迫以遠低於銷貨成本的恐怖促銷價格將那些產品賣掉？如果你對這些問題的回答都是「我的公司」，那你可以拿滿分。

這個故事的啟示是什麼？一個非常大的客戶，可以輕鬆摧毀你的收入、現金流以及利潤。所以，別試圖找到那麼一千零一位大客戶，誤以為你的日子就會輕鬆許多。這方法很少能讓公司成功，特別是當你的公司還很小時。在把東西賣給大客戶時，你的公司其實承擔了很大的風險。同時，也因為大客戶會是決定價格的那一方，你將較難控管產品毛利。大客戶會直截了當的告訴你他願意付多少。

而當你擁有多元化的客戶群時，你的營收會更容易預測，而且風險得以平均分散。在試圖利用大客戶來快速打造你的收入之前，先藉由可預測的客戶群來為公司打造穩固的收入根基吧。的確，一筆大訂單有助於控制銷貨成本，如同我在 Cupcakes R Us 的案例中所討論的，但這是一個需要平衡的做法。

合理的目標是讓任何一位客戶，都不占有公司營收的 15% 或以上（這個數目越小越好）。若是該位客戶離去，你的生意還可以保留一些以新客戶來取代那筆收入的彈性。無論你公司本身有多好，或產品和服務有多出色，有時客戶就是會為了別間公司離你而去。但重要的是，他們的離去不會對你造成致命打擊。

關於行銷費用的一些意見

雖然行銷在損益表中被列為一項變動費用，但其實它更應該被視為一種投資，而其回收報酬應該要被反映在你的營收和毛利上。你的行銷費用做出了什麼成績？你的業務有因此開發出更多有關聯性且有利潤的客戶，並與其成交嗎？你的生意有因此得以**更快**且更有效率的與更有利潤的客戶成交嗎？以網路行銷為例，你的生意有吸引到更多有關聯性的訪客，並使該網友投注更多時間在你的網站，甚至參加特惠活動或訂閱電子報嗎？

在任何一項行銷活動所投資的每 1 塊錢，都應該要讓你的營收增加 5 塊錢。為什麼？因為一般來說，行銷預算會占營收大約 20% 的比率。請記住這一點。若一家公司在社群網站和網路行銷投入了各種資金，卻無法得到明確的回收，那麼就表示是時候該做些改變了。

邁向利潤：服務業

好的，現在讓我們將焦點從製造業轉到服務業。解讀服務業的損益表可能比製造業的相對困難一些，因為服務業的銷貨成本較為不同，你並沒有販售「東西」，相對的，你銷售的是你的時間、人力以及專業，這使得辨識出你的毛利是否達到理想目標變得更困難。因為超過 75% 的中小企業都屬於服務業，我們需要花些時間來思考該如何抓服務業的毛利。

你的時間有極大的價值，你所揮霍的每一分鐘，在人類歷史上都是獨一無二的一刻，再也無法追回。時間是你唯一無法復原的資產，在一家服務業公司，你的成功與否都繫於你是否理解這個很少有人意識到的事實。但在財務報表中卻沒有任何一行能記錄下時間的價值，時間成本被隱藏了。而假如你經營的是一家服務業公司，時間也會是你最大的成本。

時間成本的案例

以下我將分享兩個案例，它們都是由非常聰明又有才華的人所經營的服務業公司（為保護當事人，案例使用假名），但其經營者亟需理解到他們的時間價值。一旦他們理解了，就會將重心轉移到可以提升營收和毛利的活動，並且與客戶保持良好關係，而這將可以大幅提升他們的淨利。這些鹹魚翻生的故事不僅可以讓你深切了解時間的重要性，更有可能改變公司的未來。

:: **案例①** ▶▶▶ **攝影工作室**

　　我的一位客戶經營了一間攝影工作室，姑且稱之為 Fabulous Faces 吧。她專門照以下三種相片：高中生畢業照、婚禮照片以及家庭合照。15 年來，她每天工作 14 小時，但每到了年底，銀行戶頭卻總還是空空如也。

　　我們深入檢視她的客戶群，以便了解有多少比例的客人是要拍畢業照、婚禮照以及家庭照。她合計近一年共照了 70 場畢業照、30 場婚禮，以及 15 場家庭照。大部分在第二季所照的都是畢業照，而第三季的大都做為聖誕節和佳節禮物。

　　我問了她那決定她命運的問題，「每一種相片分別花妳多少時間拍攝？」她說，她可以在 2 個小時之內拍完一場畢業照；而大部分的家庭合照都需要花上 3 小時，因為她得花時間安撫那哭得聲嘶力竭的小嬰孩，以及幫助行動緩慢的老奶奶擺好姿勢。在這兩種場合，客戶都會前往她的工作室，因為她可以在工作室裡或在後院利用自然光，拍攝出各種不同的人物照，她不必浪費任何時間在通勤上，或將大量攝影和燈光道具扛到別的地方，那些設備在她的工作室中都隨時待命。

　　婚禮卻完全是另外一回事。她需要聘請一位助理，將她工作室裡的設備拆下來，找來卡車裝載滿滿的燈具、相機，以及備用器材（因為需要實地即時攝影，沒有任何重來的機會），並且開車到新娘的家。然後她必須在新娘的家中架設好器材、照好相片，接著需要拆解下所有的設備，並且再次由卡車裝載至婚禮會場。在那裡，她得再次架設好器材並拍下更多照片。接著，為了拍攝晚宴照片，她需要第三度重複那讓她腰痠背痛的過程。一整天下來，攝影師需要吞下強效止痛藥，以對抗久站 12 個小時，或者那不停和她爭論要把「那位沒出息的舅舅」從團體照當中「消失」掉的新娘的婆婆所引來的頭痛症狀。

在聽過這一切的過程後，我問了這位女英雄，為何她願意拍攝婚禮照。她說：「婚禮比較賺錢。」是嗎？我們來檢驗一下吧。

在得知每一種相片所需要的工作時數後，我問了她每一種相片的平均售價。以下是價目明細：

相片種類	投資在每一位客戶的時數	平均每位客戶收入	報酬率／每小時
高中生畢業照	2 小時	$300	$150
家庭合照	3 小時	$600	$200
婚禮	12 小時	$1,200	$10 在支付助理一整天的薪資以及後續服務之後

你會如何看待這個情況？首先，以每小時計算，在扣除費用之後，很明顯的家庭合照是利潤最高的項目，她花費在家庭合照的時間是她最賺錢的時刻。她每拍攝一場婚禮，不僅得讓自己的家人在週末時寂寞的獨守家中，她也同時在每小時損失了至少 190 美元的機會成本。如果她拿拍攝一場婚禮的時間去拍攝 4 場家庭合照，這位攝影師就會得到 2,400 美元的收入，是拍一場婚禮 1,200 美元的 2 倍；她同時還能省下所有需要付給助理的費用。此外，如果你將婚禮之後所有她花費在處理照片檔案、在暗房工作、送裱框以及花費在新娘（大部分新娘對於想要什麼都舉棋不定）的時間全部加起來，那攝影師所投入的時間其實比原本預計的多出 4 倍以上！最終結果是，攝影師在拍攝婚禮時，得到的淨收益只有一小時 10 美元。假如她願意受雇於一間大型攝影公司，專門拍攝婚禮，並扣除所有費用後每小時可以拿 75 美元，賺的還比較多，而且還免去了那些令人頭痛的後續服務。有時，經營一間中小企業並不是唯一的賺

錢方法。

對你來說，這位攝影師應該採取的行動應該很明顯。首先，她需要降低婚禮的拍攝工作，除非她非常喜歡某位新娘，並想當好人，自己想幫新娘拍攝婚禮，這又是另外一回事。但如果她自以為婚禮攝影可以讓她賺到更多錢，那就真的是自欺欺人了。她的銀行戶頭已經很清楚的這麼告訴她了，但她卻仍然看不清楚。

接下來，她亟需意識到她的時間究竟有多麼寶貴。如果她可以在一場婚禮攝影賺到 3,000 美元（2,400 美元加上助理費用）或更多，那就是值得的。雖然這樣的索價會減少生意機會，不過沒關係，她的時間也很寶貴。

第三點，她應該將她的行銷經費花在吸引更多希望拍攝家庭照或畢業照的客群。既然畢業照通常都是在第二季拍攝，而家庭照在第三季，這些目標客群應該比較不會重疊，這樣很棒。畢業照和家庭照可以讓攝影師每小時獲得 150 到 200 美元的報酬。

第四點，理論上，若是她只安排一半的人物照（節省她一半的時間成本），應該可以只花一半的力氣在工作上，並且得到多出 50% 的收入。

我並不是非常確定，但我告訴這位客戶，如果她可以依照這份處方箋去調整，那麼在年底前她的帳戶應該就會有 5,000 美元的存款了。但我錯了。她在 12 月 15 日打電話給我，說帳戶已經有 7,500 美元！我們兩人都哭了。這種事從來都沒有發生在她身上，這改變了她的一生。

:: 案例② ▶▶▶ 室內設計公司

ABC 設計公司，一間從事室內設計業務的公司，在過去 15 年來都持續銷售著他們的專業、創意，以及解決問題的能力。與 Cupcakes R Us 不同，

ABC 的服務是無形的，但對於要興建商業摩天大樓的建商而言，他們的服務是絕對必要的。ABC 拿給我看的損益表大概如圖表 3-2 所示。

圖表 3-2

ABC 設計公司
四月份

專案收入：	**$25,000**	
專案相關費用（等同銷貨成本）		($1,500)
專案毛利：	**$23,500**	
固定費用：房租	($1,500)	
變動費用		
廣告費	($1,000)	
薪資（合夥人）	($12,000)	
保險（健康保險以及失能險）	($2,000)	
設備	($1,000)	
耗材	($300)	
專業費用（會計、律師及電腦）	($2,000)	
電話費	($700)	
差旅／餐費	($500)	
變動費用總計	**($19,500)**	
費用總計	($21,000)	
稅前營業利潤	$2,500	
所得稅費用	($1,250)	
當月淨利	**$1,250**	
	營收的 5%	

顯然 ABC 是有賺錢的，他們的 1,250 美元淨利是正數。其公司的淨利是營收（這裡稱為專案收入）的 5%，這數字其實不算差。但 ABC 忽略的是，他們曾經有過可以很容易做到並有很大潛在利潤的機會，來提升公司的淨利。我的兩個建議是要他們擴大產能，以及改變價格結構。

擴大產能以增加收入

再次強調，在一家服務業生意中，最大的專案相關費用（等同於產品的銷貨成本）大都來自於直接人力，其可分解為時間、技術／專業以及心力。或許也會用到一些直接材料，但客戶付費的主因在於人力。在 ABC 的例子裡，設計專案可以細分為不同的工作事項，其所需要的心力、技術和時間也都不相同。從事服務業的中小企業經營者，必須知道為順利完成特定服務，會需要什麼樣的專業人力、要花多少時間，其原因有二：

首先，這可以讓他們為不同類型的人力服務制訂不同的鐘點費，以確保他們的每一種費率都可以達到 30% 的毛利。接下來，這也讓他們可以更有效地確立專案所需要的策略，並且可以管理更大量的專案。舉例來說，ABC 大部分的設計專案都需要設計草圖。雖然設計草圖絕對是大多數 ABC 合夥人都具備的技術，但外聘專門畫草圖的人員，能夠讓他們保留自己的時間以投注在專案中需要更高階、高單價的技術部分。此外，擁有更多的人力，可以確保需要高階人力的工作會被妥善完成，讓他們得以每週接下更多有利潤的專案。我顯示給 ABC 看，只要他們可以出資聘用一位能幹的繪圖員或設計師，好讓合夥人可以空出更多產能來接更多專案，這麼一來，ABC 就可以縮短專案週期，並且在每個月份均達到更高的收入和毛利。

改變價格結構

仔細看看 ABC 公司專案的直接相關費用，你會發現比起專案收入，那個數目還真的挺小的。那就是為建築師製作一份設計稿和計畫書草稿的費用。當我第一次見到這份損益表，我的直覺告訴我，這個表並沒有記錄下這間公司的全部費用。我猜測合夥人也投資許多時間在這些專案中，而與其被分配認列到每一個專案的直接人力費用，這些時間應該是直接被計為薪資了。我建議他們，合夥人應該要知道自己的每小時費率是多少，以及需要花費多少時間來完成一個專案。一旦專案規模改變，其總成本也應該隨之改變。如果某特定專案需要很稀有的專業知識，那麼 ABC 也應該針對此需求拉高他們的報價。

有個數字是在這份損益表中看不太出來的。但當我詢問兩個合夥人的其中一位傑洛德，他是如何為他所投入的時間收費時，那數目聽起來有點太低。在他打電話給 ABC 的三位最大客戶詢問為何他們選擇 ABC 而非其他競爭對手時，也證明了這一點。其中一位客戶回答，「你們是其中最便宜的。」這是否讓你想起什麼？還記得稍早前，我們所提到關於標價太低的事情嗎？

該是他們提高價錢，並且盡量遠離低利潤專案的時候了。這也代表這兩位合夥人需要制訂一個每小時報酬的標準費率，好讓承包每個專案更值得。ABC 公司先前沒有做這些事。

當我們檢視個別專案時，也發現合夥人的報酬差異很大，因此我們決定，此後都只能接高毛利的專案。同時，我們也決定，當客戶提出任何一個變更設計的要求，ABC 都必須提出額外修改所需的時間與費用。其後，ABC 應該為客戶準備一份「變更範圍書」，即一份正式的文件，告知客戶這些修改所需要的額外酬勞以及會對結案日期造成什麼樣的影響。這可能看似麻煩，但其用

意是保護服務提供者的權益，以免到了開立請款單時，雙方之中已經有人忘了服務的內容。

之前 ABC 的合夥人都是**無償**完成那些額外的修改要求，使得他們的每小時報酬低到不能再低！做越久時間且沒有得到額外的報酬，就代表每小時的報酬越低。

如今，客戶將為所有額外的修改付額外費用，並且有權決定哪些修改是必要的而願意因此付費。這對 ABC 而言，仍然是額外的工作，但至少他們可以因此得到報酬。若客戶決定不值得花那些錢修改，ABC 的合夥人就無需為免費的工作而挑燈夜戰。

順道一提，ABC 還有另外一個問題：他們需要更大的工作空間。他們在第五大道的辦公室還有足夠的其他空間可以承租，但紐約房價非常高昂，如果他們要擴大承租，那固定成本勢必會高得驚人。因此，兩位合夥人決定往更西邊的方向尋找一個有夾層的空間，讓房租稍微壓低一些。雖然他們將因此需要支付搬家費用，其將會被列為一次性的變動費用；但好消息是，在往後的每一個月，他們都可以因此節省下固定成本，一年下來就可以省下數千美元。包含這個在內，我協助他們完成了其他諸多改善，讓他們擁有在 6 個月或更短的時間內，將淨利擴大一倍的機會。而他們也的確做到了！

每個小時均不等價

從事服務業的公司該如何計算時間、技術和人力的價值，我再提供給你一些最後的意見：請不要讓「一天 24 小時的每個小時都等值」，每個鐘頭的價值是不同的。在下午 2 點鐘所花費的一個鐘頭，與在晚上 10 點過後所花費的一個鐘頭的價值是不相等的，傍晚 6 點過後應該是私人時間。如果一位客戶

要求你加速完成一件工作，而服務提供者需要在下班後犧牲私人時間來完成，那麼提供服務者務必需要因此而多收費。

有一位在紐約的職涯顧問，其客戶住在澳洲。這位澳洲客戶非常重視這位顧問的意見，但對客戶而言，最方便 Skype 的時間是晚上 10 點。而這位顧問將晚上 10 點的費率訂得和下午 2 點的費率相同，她因此犧牲了與家人相處的寶貴時間。我建議這位顧問應當為此重新調整與客戶的諮商時間，或為了她需要在下班時段提供諮詢而犧牲私人時間而補償她的損失。這樣做之後，那位客戶現在就有了與顧問重新調整諮詢時間的誘因，而服務提供者（顧問）也不至於被打擾了。

最後，如果服務提供者是特定領域的專才，那他們的時間和人力價值就應該更高，而這也應該反映在他們的價格結構上。我認識的一位身兼顧問並在FDA（美國食品藥物管理局）認證方面非常專業的醫師告訴我，有一位客人曾對她抱怨，某個案子只不過花了她幾個小時作業，卻未免索價高昂。我對於其客戶抱怨的回應是：客戶花錢買的是醫師的專業知識；換言之，客戶是花錢在醫師多年所累積的經驗，而非用來完成專案的幾個小時。服務的提供者應該要了解自己的專業價值，並且以有效率的溝通方式讓客戶也能了解。

●　　●　　●

現在你不僅懂得損益表是什麼以及其計算模式，你也看到了好幾個在製造業和服務業經營上，該如何改善毛利以及淨利的案例。如果你覺得我們似乎在這一課談了太多，的確是的。但這樣的思考模式已經成功地讓上百萬美元的事業鹹魚翻生，它也會讓你轉虧為盈。最好的消息是：不管你做的是哪一門生意，這些能改善低毛利率和整體獲利的策略，可以被廣泛應用在任何公司。

┃第3課重點整理┃

製造業生意

- 提高售價並降低銷貨成本，永遠都會讓你的每單位毛利上升。

- 調查競爭對手的價格並將其視為關鍵指標是很重要的，你可以藉此了解你的售價是否恰當，而對產品或服務的需求是否依然強勁。

- 如果你已知銷貨成本，需要訂出你的售價（每單位營收），就把銷貨成本往上加 45%，以確保你最少有 30% 的毛利。

- 在關鍵商品上漲價，訂出客戶的最低採購量，藉由重組商品組合來降低銷貨成本，或選擇不同的供應商，都是改善毛利的可行方法。

- 讓客戶分散、多元化，可以降低一旦大客戶以任何理由離去時，你所承受收入減少的風險。這對經營任何型態的生意來說都很重要。

服務業生意

- 對提供服務的公司來說，銷貨成本就是時間和專業的價值。

- 請謹記，若要打造出一間有獲利的公司，毛利最低需要達到營收的30%，就算是服務業也一樣。服務業的銷貨成本就是專家的時間或知識的鐘點費。

- 客戶花錢買到的是多年的經驗，而非工作的時數。

- 記錄在每個專案中所投入的工時是至關重要的，因為收費金額與準時完成工作並交付客戶所投入的時間之間，兩者應該連結相關。

- 如果客戶要求修改專案內容，你應該寄送一份對整體專案所額外增加的時間與成本的「變更範圍書」給客戶，以得到其認可。此舉能保障客戶及服務提供者雙方的利益。

- 專注經營那些願意向你的公司購買利潤最高的產品或服務的客戶。

損益平衡點──
讓你的事業永續經營
的關鍵

達到「損益平衡」，表示收入等於支出，最起碼可以養活自己，因
此損益平衡點又稱為「安枕無憂點」，是你養活自己，進而持續獲
利的基礎。

| 你可以學到這些 |

- 超過損益平衡點，才開始賺錢。

- 新創以及成長中的公司必須將營收增加到高於損益平衡點。

- 達到並超越損益平衡點的訣竅→費用低、毛利高。

如果有人問你：「你怎麼知道一家公司有沒有賺錢？」你現在應該可以自信的翻到該公司損益表，指著最下面那一行，看那間公司在特定期間的淨利是正數還是負數。當那一行是正數時，代表淨利是正的，公司正在賺錢。反之，當那一行為負數時，就代表公司正在虧錢。在經過前面 3 課之後，你應該熟悉了可能對獲利造成影響的所有因素，並且找到一些好方法創造並保住正數的淨利。在你一開始打開這本書時，可能心裡還存著點畏懼，現在應該已經越來越熟悉了吧。這表示你真的進步了！

在我介紹財務儀表板上的下一個儀表——現金流量表之前（我們在第 5 課會再好好介紹這個表），我認為現在的重點是讓你認識一般中小企業經營者時常會忽略的關鍵：**損益平衡點**（breakeven point）。

當一家公司的淨利並非正數或負數，而是**剛好為零**時，那個狀態便稱為「損益平衡」。在損益平衡點，一間公司的收入就等於它的支出。其營收可以支應所有的固定和變動費用，且公司具有足以持續獲利的潛力，這就是為什麼我將損益平衡點稱為「安枕無憂點」。想當然耳，我們希望看到正數的淨利，但更重要的是，我們希望獲利是可以長時間維持下去的。

這一課將教你如何看待損益平衡點。此外，這一課也會帶給你更多方法，讓你能確保這門生意的長期潛在獲利。因為每間公司的費用以及營收都不同，因此，每間公司的損益平衡點也不同。所以，**了解你自己公司**的損益平衡點是很重要的。

好消息是，需要用來判斷損益平衡點的所有數據都已經在你的損益表上了。這就是為什麼我們在第 2 和第 3 課討論完損益表及其用法後，立刻在第 4 課的此處討論損益平衡點。到目前為止，你的財務儀表板上的第一個儀表，也就是損益表以及其用法，對你來說應該如同穿舊鞋一樣舒適了。

但請切記，一家中小企業就好比你的車，可以用不同的速度前進。若你希望將公司帶往能夠有效率的創造**持續**盈利的方向，你就必須特別注意你的損益平衡點。一旦達到這個點，就意味著這家公司像一個人長大成年，已經可以自給自足了，或至少在理論上可以養活自己。

損益平衡點的重要性

損益平衡點是你通往獲利的第一場勝利，當你抵達這象徵自給自足的一刻，對多數中小企業而言都是一大里程碑。在小公司剛起步時，總費用（固定和變動的總支出）通常都比營收來得高。

為什麼呢？因為變動費用——例如架設公司網站或宣傳公司的產品或服務——可能是很龐大的，並且可能會非常迅速的累積，但營收的累積卻是非常緩慢而且難以預期。打造公司的品牌很花時間；讓客戶了解你的產品或服務的獨到之處也會很花時間；讓客人願意購買這樣新產品或服務，好讓你的公司得到業績來累積營收，也很耗費時間。同樣的，讓客人瘋狂愛上這樣商品或服務，並且推廣給他們的朋友和同事好讓他們也成為你的客人，更是費時。而評估營收的趨勢，好讓經營者可以預測新客戶何時才會進行購買、會購買哪種產品或服務、會買多少數量，以及這些消費將帶給公司多少毛利，更是耗費時間。而你在前兩課已經學過，這些都是驅動營收和毛利的因素。（是時候讓我們再重複一次第 2 課的咒語：**每樣產品或服務的毛利，都必須占營收淨額的 30% 以上，或比銷貨成本高出 45% 以上。**）

創造營收總是比中小企業經營者所預期的要花上更長時間。因此，我在第 2 課就已經說過，在草創期正要創造營收的階段，你應該牢牢抓緊每一筆支出。

就算當月復一月，你的事業仍重複出現負的淨利，但若能看到淨利的成長

速度持續加速，也總是好事一樁。當越來越多客人消費，你的客戶服務終究會變得越來越有效益，而營收的成長率也將高於費用的成長率。此時，淨利也將轉虧為盈。每家想維持營運的公司都需要產生這樣的動能。

當這樣的動能逐漸成形時，你會知道，生意已經走在損益平衡點的道路上了。若一家公司永遠達不到這一點，那麼不論市場對它的產品或服務有多麼的熱愛，它都將永遠無法獲利。**如果一家公司來自銷售的總營收無法持續高於固定和變動費用的總額，它將無法自給自足。**

如何找出損益平衡點

我們先來看一個簡短的案例——約翰汽車零件公司的簡易型損益表。然後，我會教你如何利用圖形來看這些數字，以找出損益平衡點。為了找出該賣出多少單位的商品才能達到損益平衡，我在此將以每商品單位為基礎，來表示其營收、銷貨成本、毛利以及變動成本，而不是像前 3 課那樣使用總金額來看。

在這個例子中，每單位淨利（net margin）將會是將淨收益扣除直接變動費用（銷貨成本）和間接變動費用（營運所需的成本）之後所得到的**每單位**數字。你也可以將淨利想成每單位的毛利扣除間接變動費用（這兩者的意思相同）。無論使用哪一種，每單位淨利意指在扣除掉所有費用以後的收入餘額。一旦找出這個數字，我們距離算出該出售多少單位產品才能達到損益平衡，又更近了一步。

讓我們使用固定費用的**總額**，而非**每單位**固定費用，因為固定費用指的是無論我們是只賣出 1 件產品還是 1 千件產品，這筆費用金額都不會隨之改變。我們一起來看看圖表 4-1 所顯示的約翰汽車零件公司的損益表當中，最上面起的 6 個項目。

固定費用 vs. 已售出單位數

如果一張圖片真能抵得上千言萬語，讓我們使用一張圖來了解真實情況吧。首先，我們需要了解圖表 4-2 是在測量什麼。

圖表 4-1

約翰汽車零件公司
損益表

每單位總營收 =	$15.00
減：每單位**直接變動費用**（銷貨成本）=	($4.00)
每單位**毛利** =	$11.00
減：每單位**間接變動費用**（營業成本）=	($2.00)
扣除**固定費用**前的每單位淨利 =	$9.00
固定費用總額 =	(1,500)

圖表 4-2

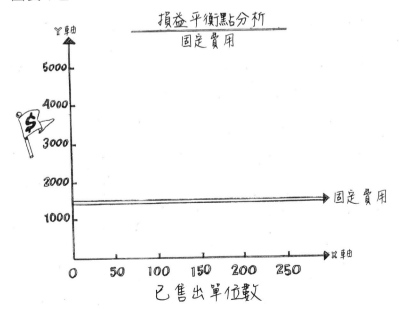

在圖表下方的水平橫軸（稱為 X 軸），你會看見「已售出單位數」；越靠右邊，表示已經賣出去的數量越多。縱軸也就是 Y 軸，而如同它的名稱「$」所代表的，其指的是金額。在此，金額代表的是固定費用，但其實它也可以代表任何能夠使用金額來表示的數目，好比固定和變動費用或營收等等。你之後就會了解，這張圖其實是很好用的。

在這張圖上我只畫出了代表固定費用的線。這是一條不會變動的線，代表不管這間公司只賣出一件商品，或 200 件商品，固定費用都不會變動。以約翰汽車零件公司而言，固定費用維持在 1,500 美元，我們就先將這個金額暫定為租金吧。直到租約更改，或這間公司搬到別的地方以前，這條代表固定費用的線都不會有任何改變。

∷ 固定費用和變動費用 vs. 已售出單位數

但是固定費用不會是我們唯一的費用；我們也需要考慮到變動費用。你可還記得在第 2 課所提到的，變動費用有兩種：直接費用（銷貨成本—原料和人力）以及間接費用（業績佣金、網站後台費用以及行銷費用等等），這些費用會隨著售出的單位數而增加。因為間接變動費用會隨著業績成長（賣出更多單位）而增加，代表變動費用的線會是傾斜向上的。在圖表 4-3 當中，我們在固定費用的圖表中加入了代表變動費用的線（虛線）。

請注意，代表變動費用的虛線是從座標點（0, $1,500）開始的。這是因為變動費用需要被加在**固定費用之上**。

∷ 固定費用、變動費用、營收 vs. 已售出單位數

前面提到 Y 軸所表示的是金額，而任何使用金額來計算的東西都可以使用這個圖來描繪。因此，我們也可以把約翰汽車零件公司的營收加進這個損益平衡點分析圖，並觀察會發生什麼事。我們以圖表 4-4 表示。

圖表 4-3

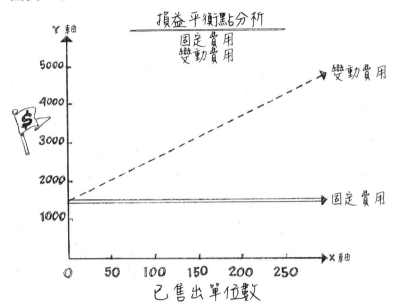

圖表 4-4

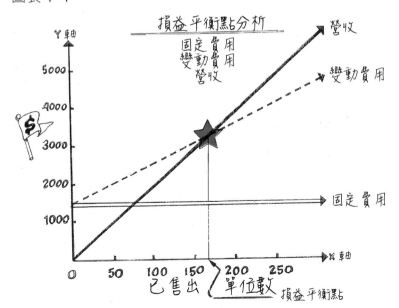

在圖表 4-4 中，那條往右上方移動的粗黑線代表的是營收；也就是在公司賣出 1 件產品，2 件，3 件……200 件，或 250 件產品時，公司將能得到多少收入（還記得嗎？這個金額是用產品單價乘以賣出單位數而得出的）。請注意，營收是從座標（0,0）開始的。表示如果約翰汽車零件公司沒有賣出任何產品，賣出的商品數量是零，因此營收也會是零。當約翰汽車零件公司賣出的單位越多，則已售出單位和營收都會同時增加。意思便是，兩條線都會往上方前進。困難的部分則是**確保固定費用和變動費用的增加不可以快過營收**，才能讓收益維持在正數。這就是盡快達到損益平衡點的關鍵。如果費用的成長快過於營收，則你的公司將陷入危機。就算這星期或這個月還不致出大問題，但到了下個月或下一季就有可能出現生存危機。

營收的數目取決於客戶的需求。客戶不會在乎約翰汽車零件公司是否在租金或行銷等費用花費太高或是太低；他們在乎的是約翰汽車是否有提供他們所需要的零件以及服務的好壞。好好控管所有的營運相關開銷，是約翰汽車零件公司經營者自己的責任。這就是盡快達到損益平衡點的關鍵。當你的營收正在成長（賣出更多產品）時，盡量將費用維持在低點，就是達到損益平衡的法則。但因本書的重點並不是教你如何賣出更多產品，而是教你如何做出聰明的商業決策，因此我將回歸正題。

我們再回到圖表4-4。注意看圖正中央的那顆大星星，那就是損益平衡點。在那一點，已售出單位數以及其衍生的營收，已經足以支付所有的固定和變動費用。

該如何找出損益平衡單位數量

你知道達到損益平衡點很重要，因此，如果可以得知公司該賣出多少產品的數量才能達到損益平衡，應該會很有幫助吧？呼應損益平衡點的已售出單位數叫作「**損益平衡單位數量**」（breakeven unit volume，或是「損益平衡點數量」〔breakeven point volume〕），指的是達到損益平衡所需要銷售出去的商品數量。

讓我們回到約翰汽車零件公司的損益表，我們可以看到直接變動費用（即4美元銷貨成本）已經從營收中付清了，而約翰汽車零件公司還剩下11美元，而他的間接變動費用（2美元營運費用）也已經從中扣除了，讓他的餘額來到了9美元。這意味著每一個售出的產品單位都可以帶入9美元的收入來付清其餘費用，即**固定費用**（房租）。這個9美元是他的每單位毛利（單位售價減每單位的直接和間接成本）。現在，讓我們來找出約翰汽車零件公司需要賣出多少單位的產品才能支付房租吧。

我們可以找出每個月所需要賣出的產品單位數量，以支付每個月1,500美元的租金。這會讓我們得到每月的損益平衡數量。其公式非常簡單：

固定費用 ÷ 每單位淨利 ＝ 損益平衡數量

$1,500 ÷ $9 ＝ 167 單位

（每月達到損益平衡點所須銷售的數量）

如果你再仔細看圖表4-4，會看到一條從損益平衡點星號垂直下降至已售出單位數的細線，此線在大約167的單位數量時，與已售出單位數的線相交叉。

在損益平衡點時，利潤會上揚而虧損則會減少

當我仍在經營閃亮亮公司時，我對於每一筆 T 恤的生意都非常緊張，直到我們終於賣出足夠達到損益平衡點的那一刻。我知道直到那一刻之前，閃亮亮公司的帳面都會是虧損的。

在圖表 4-5 當中，你會看到兩塊陰影區塊，其中一塊在損益平衡點之上，而另一塊在其下。請觀察在損益平衡點星號**以上**，被標註為「正數的淨收益 ＝ 利潤」的那一塊陰影區。隨著箭頭線往前（右側）移動，代表公司的收入越多。

在損益平衡點的上方，當營收線與以虛線表示的變動費用之間的距離越來越大，表示這間公司越來越賺錢。此時，營收的成長速度快過所有的費用，而這就是所有公司都應該努力達到的目標。

圖表 4-5

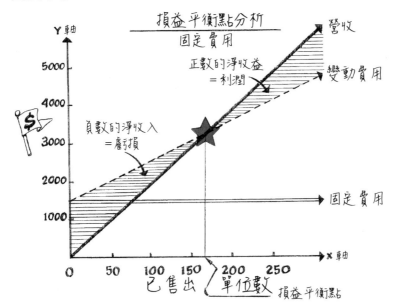

服務業的損益平衡數量

如果你經營的是一家服務導向的公司，那麼這個方法也同樣可以應用在你的事業上。想像一下，將 X 軸上面的「已售出單位數」轉換成「已付費時數」。在觀念上，損益平衡點的概念是完全相同的；而關鍵問題也隨即轉換成：「公司該服務多少個小時的時數，才能支應所有的固定和變動費用？」換言之，「我的損益平衡數量是多少小時？」

差別只在於，對於一家服務業公司而言，所販售的是時間和人力。營收可能是依據已完成的專案或所累積的工時來計算，但說到底，就如同我在第 3 課所討論過的，重點仍然在於你要清楚你一個小時的工時值多少錢。已完成的工作時數，就像是已售出的產品數量般，是可以被記錄的；完成越多的時數，則營收也應該越高；至少原則上是如此。你應該根據公司的獨特性以及競爭對手的價格，來訂出在一天當中不同的時間裡，你希望一個小時的工作能得到多少收入。如果你此刻所讀的這些內容，感覺就像鴨子聽雷一樣陌生，那表示你需要回頭重讀一次第 3 課。

營收未必總是成長，有時也會衰退

同樣的，你也可以跟著圖表 4-5 的營收線一起往下，往損益平衡點的左側移動。那一塊陰影區被標註為「負數的淨收益 ＝ 虧損」。在損益平衡點以下，虛線是在營收線的**上方**，這代表變動費用**高過於**營收。若繼續跟著營收線朝向更低的位置，甚至可能到達一個不只變動費用，連固定費用也高於營收的情況。這種問題可就需要好好處理了！沒有一家公司可以長期處於虧損卻還能持續經營下去。這就是為什麼我們在第 3 課花了不少時間，提供許多降低各種費用以及增加營收和毛利的策略（還記得蔓越莓杯子蛋糕的例子嗎？），好

讓你的公司可以盡快開始獲利。

　　一家公司的營收線會滑落到損益平衡點之下，原因可能有很多種。以下是我在過去 20 年來所看到的部分原因，但請相信，除了這些，還是可能有層出不窮的原因。

* 因為經濟疲軟而導致客戶需求下降、銷售量下滑，營收也因此減少。
* 變動費用持續增加，但營收的成長速度無法跟上這些額外的支出。（例如，公司投資了一個所費不貲的線上行銷專案，成本高昂，卻只帶進少量新客戶，或無法從現有客戶身上賺取更多營收。）
* 業務部門沒有積極與潛在客戶培養關係，因此潛在的營收並沒有被開發出來，而公司卻得持續負擔業務部門的薪資及福利。
* 市場出現新的競爭對手，挾龐大的行銷預算，把你的客戶吸走，轉向對手購買。
* 日新月異的科技使得某樣產品或服務不再有用武之地，客戶不再需要購買。
* 公司可能太執著於只銷售老舊產品，這將導致銷售量和營收下滑。
* 公司的服務支援太差勁，客戶滿意度低迷，使得客戶轉向競爭對手購買，造成你的銷售量和營收下降。

達到損益平衡點需要時間

　　達到損益平衡點可能看起來頗容易，但實際上挺難的。許多小公司永遠達不到損益平衡，而這也是中小企業的失敗率如此高的原因之一。大部分中小企業經營者都以為，問題出在他們的資金一直都不夠，但其實通常他們不夠的只

是時間。

　　達到損益平衡點是一場與時間的賽跑，目標是越快達到損益平衡點越好，不至於在營收可以趕上各項費用以前，公司這條船就先沉了。大部分的小公司在經營 3 到 5 年之前，通常無法達到損益平衡點，而有些公司也根本從未達到過。但所花費的時間越久，所有累積的費用將會變成一個超大的絆腳石，公司更難以達到正數的淨收益。

　　你可以盡所有可能、將所有的費用盡量長期地控制在最低限度，好讓公司有時間來拉升營收，這在經濟不景氣時尤其重要。這就是為什麼我們在前幾課中，花了那麼多時間來討論如何降低費用以及增加毛利。

嚴控支出以更快達到損益平衡點

　　假如你可以將公司設在一個租金低廉或不用租金的地方，例如某人的家中或車庫，直到你的生意達到損益平衡點，就可以有效降低你的固定費用。這有助於你的公司很快達到可以預期的利潤。

　　如果所需設備器材有可能租得到，那你就不應該直接去買；如果可以雇得到外部人員，那你就不應該聘用正職員工。這些小秘訣都有助於降低你的變動費用。但這樣做是否會造成你的不便？是否會讓你變得更忙碌？是的，的確會。

　　在微軟公司的早期，每一個員工，包含比爾·蓋茲本人，都只搭乘經濟艙，吃的是便宜的午餐，只為節省成本。蓋茲盡可能節省每一分錢，而你看看他現在的成就！如果比爾·蓋茲做得到，每一家中小企業也一定做得到。

　　位於康乃狄克州西摩市的貝斯曼防水系統（Basement Waterproofing Systems）公司的執行長賴瑞·詹斯基（Larry Janesky），是一個十足的天

才，他也是我所崇拜的英雄之一。他在年僅 17 歲時就創辦了這家公司，公司從零開始直到創造出 1 億美元的業績，他始終抱著這樣的想法。現在，他也將這樣的想法帶給每一個願意聆聽的承包商。在他的著作《最高召喚》（The Highest Calling）一書中，他勸每一位中小企業經營者，在可以付清所有開銷，且營收以可預期的速度穩定流入之前，請先不要買那輛全新的貨車吧。他建議，直到營收數字夠大、獲利夠多、並且可以預期負擔得起額外的固定費用之前，請抗拒那股租下更大、更奢華的辦公室的誘惑。請聽這些成功案例的經驗吧；別讓你的樂觀或是自負蠱惑你，讓你太早平添任何一筆可避免的費用。多省省錢，為自己換取更多的時間吧。

更快達到損益平衡的其他策略

我們在第 3 課所提到的提升毛利以及降低費用的策略，也同樣可以運用在衝刺損益平衡點的這場賽跑。而以下是更多建議策略：

- 聚焦在對公司有忠誠度並且帶來利潤的客戶。與他們建立好客戶關係，並且想辦法讓你的公司對他們而言不可或缺。這通常可以增加你的銷售量並提升營收。
- 將銷售重點放在毛利較高的產品和服務上。
- 如果可能，重新談判租賃條約以降低固定費用，或乾脆搬到更便宜的區域。
- 將全職員工轉為兼職，以節省員工福利的費用，可降低變動費用。這可能不是一個很容易做到的選擇，但相信我，破產將會讓你更難捱。

有經驗的公司經營者會時時刻刻專注在損益平衡點上，並且用盡手段以確保公司盡快達到損益平衡。

達到損益平衡點所需要的時間也會被景氣狀況所影響。在經濟景氣時，要達到損益平衡也容易許多。因為充分就業，且消費者和企業界也會購買更多的產品和服務，在景氣擴張時，大家擁有更充足的可支配所得。反之，在景氣低迷時，要達到損益平衡點會需要更多時間，因為失業率攀升，要找到有意願並有能力購買產品和服務的客戶變得更為困難。在不景氣時創辦一間公司的成本可能是一樣的，但那條營收線會走得較平坦，且需要花費更多時間才能與變動成本線交叉，進而達到損益平衡點。

行銷費用可以是助力或阻力

行銷並不便宜。你不可能跑到一間教堂的地下室，用一台借來的機器印製傳單，並只付給你女兒每小時 2 美元的工錢，教她幫你把那些傳單夾在車輛的擋風玻璃上。對於一間公司而言，行銷費用可能造成公司的現金嚴重外流（對於這一點，你將會在第 5 課學到更多）。你的目標是當你賣出更多單位產品的同時，讓行銷費用花得更有效率。換言之，你應該花更少費用來開發新客戶。

關鍵在行銷費用的投資報酬率

雖然行銷在損益表上被認列為變動費用，卻應該視為一種投資。投資和費用之間的區隔非常重要。當你在個人生活中做出任何一項投資，你會期待那項投資能讓你獲得某些報酬，且這個報酬的價值會高於你當初冒著風險所做的投資。做生意時也是一樣。

　　如果你的公司投資 1 塊錢在一項為網站所做的宣傳活動上，而那項宣傳活動帶來了價值 5 塊錢的新增營收，那表示你的投資得到了回報。而若你投資在一項社群媒體的宣傳活動上，卻無法為你的網站帶來更多流量或是額外的營收，那個宣傳活動就會變成一項**沉沒成本**（a sunk cost）——一筆永遠無法回收，卻也無法帶來任何收益的支出。如果一間公司累積了許多沉沒成本，則這間公司將更難達到損益平衡點，並且需要賣出更多的產品以支付這些額外費用。任何費用的快速增加卻沒能讓營收隨之成長，一定會提高公司陷入損益平衡點以下以致虧損的機率。

　　許多中小企業經營者都會落入這種雇用線上行銷人員的陷阱，最後這個變動費用只幫他們帶來非常低的報酬。（我在推出「小公司的大幫手」網站時有受到過這樣的教訓。）如果公司雇用專業的行銷人員來為產品或服務在線上或線下做宣傳，請確定這樣的費用可以迅速帶來回報。也因此，你必須非常清楚如何衡量你的成功。

對行銷費用設定效益評估標準

　　當你投入資金在一場行銷宣傳活動時，你應該知道該如何評估最終達到了什麼成效。你預期要吸引到多少新的潛在客戶？或者，你希望新增多少筆電子報的新註冊訪客？這個結果應該在多快的期間內達成？在你簽約以前，應該與你的專業行銷人員討論好這些以及各相關標準。如果對方無意與你討論這些對成果的評估標準，你就應該提高警覺了。甩掉他們，另外找尋願意負起責任的行銷人員吧。

　　請務必要比較你在行銷活動開始**之前**和**之後**所量測的結果。你應該要在行銷活動的**兩週以內**看見指針朝向成功或失敗邁進。如果行銷活動的確有效，就

投注更多資金；如果在 60 天後仍然看不見明顯效果，則應該降低這項變動費用，或乾脆喊卡。這是避免行銷費用失控的方式之一。對於評估一項行銷活動所帶來的價值，是否的確值得其所需要的開銷，我會問下列的這些問題：

- 行銷活動後，有哪些東西改善了？
- 公司網站的訪客數量增加了嗎？
- 在這些行銷活動開始後，訪客在公司網站的瀏覽時間有增加嗎？
- 對於挖掘出新的、有價值的潛在客戶，公司是否變得更有效率了呢？
- 新客戶的品質是否更好呢？
- 行銷活動是否幫助公司與現有客戶建立了更好、更有信賴感的關係呢？
- 公司是否得到了更多營收，並且得到更高的平均毛利？
- 每筆交易的平均營收是否有增加（也就是現有客戶買得更多了）？
- 是否因為行銷活動的關係，創造了更多的重複購買？

將行銷費用放在高毛利的產品和服務上

除了控管好費用之外，你也可以藉由聚焦在銷售毛利較高的產品和服務，來更快達到損益平衡點。如果每一單位的產品 A，可以讓你獲得 5 塊錢的毛利；而每一單位的產品 B，可以讓你獲得 10 塊錢毛利，那麼你的行銷費用應該壓寶在哪一件產品上呢？

如果你的回答是產品 B，這答案是非常正確的，表示第 2 課的確改變了你的思維模式！每一件販售出的產品 B 都會讓你得到 10 塊錢，這是產品 A 毛利的兩倍。因此，若是能賣出越多的產品 B，你的公司便能越快達到損益平

衡點。再換個方式來思考：若能賣出更多的產品 B，就能帶來越多的每單位毛利，因此想要達到損益平衡點，你所需要賣掉的產品數量也跟著減少。

這就是為什麼我認為應該要從毛利的角度來思考公司經營。你所經營公司的淨收益，應該要可以**帶來至少 30% 的毛利**。你的損益表可以為你量測這一點，而現在你已經明白該如何解讀損益表、到哪找尋所需要的資料，以及當公司毛利低於 30% 時該如何處理。這可不僅僅是一個小小的成功。

做到本書給你的一部分或全部的建議，可能不會是件容易的事。但當事關你公司的存續時，如果無法為毛利帶來足夠的貢獻，以幫助公司邁向損益平衡點以及未來的收益，則**任何一件商品或是費用都應該是可以被取代的**。

達到或超越你的損益平衡點

當醫療專業人士問道：「你知道你的數字嗎？」他們指的是你的血壓。在商場上，可以回答這個問題的參考點，則是足以支付所有費用以讓你的公司正常營運的損益平衡數量。這標記出很重要的一步——當你的公司可以在源自客戶購買所帶進的營收，以及支應營運需要所流出的費用（包含你的薪資，希望那是個不錯的數目）中取得平衡。

知道自己的損益平衡點，可以讓你更加珍惜你的每一筆花費決策的意義所在。在知道你的損益平衡數量時，你將會問：「如果公司增加一塊錢的費用，不管是固定還是變動費用，公司將會需要賣出多少額外的產品數量或工作時數，以支付這些額外的費用？」在了解你需要加倍努力來帶進新客戶的營收，以支付這些費用以後，你可能因此而決定不要增加任何額外費用。想維持自己的健康狀態時，最好的管理策略即是預防。經營一家中小企業也是同樣的道理——與其試圖彌補失去的營收，最好的策略是預防其下滑。

高毛利永遠都會讓你在支付任何一種費用時更加輕鬆，因此在預防你跌落到損益平衡點以下的策略中，高毛利占了非常重要的地位。

第3課談到過另外一種重要的預防性策略，是藉由分散你的客戶族群來保護和鞏固你的營收。如果你有超過 15% 的營收都源自於一位重要的客戶，那麼當那位客戶決定不再向你購買時，失去那一部分的營收，就可能會讓你的公司落入損益平衡點以下。

• • •

損益平衡點就像是百貨公司的地圖中那一個大大的紅色箭頭。它告訴你何時你的營收將會等於你所有的開支。對一間公司而言，要找到損益平衡點的第一步是看它的損益表。損益表提供了所有的資訊，可讓你了解公司目前是否身處在低於／高過／或剛好達到損益平衡點。如果損益表目前顯示的是虧損，檢視你的損益平衡數量，其將會透露出你需要再賣出多少單位的產品，或是該減少多少費用，以將收益扭轉朝向正數發展。

┃第4課重點整理┣

- 損益平衡點是指源自於已售出產品數量的營收，足以支付所有固定和變動費用（包含銷貨成本及所有費用），而淨利金額為「零」時的位置。
- 若想持續經營，新創以及成長中的公司必須將營收增加到高於損益平衡點。
- 而已經活下來的公司，則須避免讓營收衰退到損益平衡點以下，以維持其財務上的活力。
- 降低所有開銷並提高毛利，絕對會讓你更輕鬆的達到損益平衡點。

- 當你的費用越低而毛利越高，你的公司就能夠越快達到並超越損益平衡點。

- 損益平衡數量是一間公司為達到損益平衡點，所必須賣出的產品數量。如果每單位毛利越高，則為支付所有費用以超越損益平衡點進而邁向獲利，所需要賣出的產品數量就越少。

- 費用的成長應該低於營收的成長。

- 在增加任何一項費用之前，請確保有利潤的營收是以可預期的速度，不間斷的流入公司。

你的現金流量表
在說話——
你聽見了嗎？

現金流量表是你的油量表，好讓你可以預估還剩下多少現金來經營
你的公司。如果你能謹慎管理好公司的現金，就可以保住公司的未
來，並得以讓公司免於為了維持現金流而過於依賴借貸。

| 你可以學到這些 |

- 營收與公司銀行帳戶中的現金餘額為何出現落差。

- 現金流量表每個科目代表什麼意思。

- 自己建立一份現金流預算。

- 避開 5 個燒錢陷阱。

　　就如同你的車速表無法告訴你關於愛車的所有狀態，損益表也無法呈現一家公司狀態的全貌。你知道一家公司在有獲利的情況下，仍然有破產的可能嗎？這是真的。若你懷疑有這種事，你也可以去問問在法蘭克‧卡普拉（Frank Capra）所執導的《風雲人物》（*It's a Wonderful Life*）中喬治‧貝利（George Bailey）這個角色。

　　每年聖誕節，美國的有線電視台都會一再播放這部經典老電影，而它至今依然如此精采。由詹姆斯‧史都華（James Stewart）所飾演的喬治‧貝利，是貝利建設及借貸公司的經營者。在某個聖誕夜，他很沮喪的發現比利叔叔在前往銀行的路上搞丟了 8 千美元的現金。這個數目是公司目前手上的所有現金，而在那個年代，這個數目可能等同於如今的 8 千萬美元。一時的疏忽，竟使得貝利建設及借貸公司可能就這麼關門大吉，還拖累鎮上所有鎮民一起破產。

　　喬治非常沮喪絕望。他在鎮上小酒館借酒消愁，還醉醺醺的駕車撞上樹木，萬念俱灰下，我們故事裡的英雄在酷寒難耐的夜晚茫然的走上吊橋，正當他準備往下跳時，他聽到了撥水聲伴隨呼救的叫喚，就立刻跳入水中救起了一個快被淹死的男人。在他們等衣服乾時，那個獲救的男人向喬治自我介紹，說自己是喬治的守護天使，名叫克拉倫斯，而他是為了阻止喬治自殺才跳入水中的。

　　「為錢自殺真的很蠢！」克拉倫斯罵他，「不過區區 8 千美元。」

　　「……你怎麼會知道？」喬治問。

　　「我跟你說過了，我是你的守護天使，」克拉倫斯一邊說，一邊湊近喬治的臉，「我知道關於你的一切……讓我來幫助你吧。」

　　「你身上不會剛好有 8 千塊吧？」喬治諷刺地問。

「喔！那當然沒有，」克拉倫斯嗤之以鼻似地笑說：「我們在天堂又不需要用錢。」

「喔！那當然。我怎麼老是忘記，」喬治回嘴：「錢在我們凡間可是滿好用的東西！」

的確，錢在我們這邊的確是滿好用的東西。在這一課裡，你會學到為何冷酷無情的現金是這麼重要。你也會學到該如何掌握住錢的流向，而這卻是一件大多數中小企業經營者拖到太晚才開始去做的事。

現金流為何重要

若你曾經捐過血，就清楚捐血的過程。你躺在一床擔架上，有一根針扎入你的血管，然後你的血液徐徐流出。但是你有注意過嗎？負責抽血的人從來不會將你身體裡**所有的**血液都抽出來。為什麼？因為如果他們這麼做，你就會掛掉。

現金之於公司，就好像血液對你的身體一樣重要。破產的定義即是不再擁有現金──而不是營收、也不是淨利，而是現金。管理好現金，對一間中小企業的存續是至關重要的事。現金就好比你車子裡的汽油，那就是讓你公司得以繼續營運下去的東西。現金可以用來支付所有的費用，這就是為什麼我們在第1課時將現金流量表──顯示你銀行帳戶裡的現金──比喻成你的財務儀表板上的油量表。如果手上的現金不足以讓公司營運下去，那你的公司便會停止運轉。因此，學會如何讀懂你的現金流量表──你的油量表，好讓你可以預估還剩下多少現金來經營你的公司，是非常迫切的。如果你能謹慎管理好公司的現金，就可以保住公司的未來，並得以讓公司免於為了維持現金流而過於依賴債權人。

營收不等於現金

損益表無法告訴你還有多少**可動用**現金來經營公司。可能與你的想像有些出入，但在損益表上頭的營收數字，多半都不等於你銀行帳戶中所擁有的現金餘額。當公司成交一筆生意時，這筆生意所帶來的營收有可能會或者不會順利轉換成現金。若你賣的是蛋捲冰淇淋，通常都能立即拿到全部的銷售金額，可惜本課討論的對象並不是像這樣的小本現金生意。但如果你的生意會向客戶開立請款單，你就不該犯下以為營收就等於現金，而且會在同一時間增加的這種錯誤。以那些你開出的請款單來說，你有可能會在未來的某個時間點收到現金付款，但往往並不是在你開立請款單的當月份。也有可能因為你給予客戶的折扣，或者某些客戶付不出帳單金額，以致並非所有的營收都能被轉換成現金。如果營收無法在一定時間內轉換為現金，或者根本無法兌現，就有可能導致現金危機，甚至威脅到公司的存續。

為何營收和現金可能不一致

營收與公司銀行帳戶中的現金餘額之所以出現落差，有四種可能的根本原因。第一種原因（在許多的狀況下）是這個差額來自於你的支付條件和開立請款單的過程：

- 公司銷售產品或服務，並在送達產品或提供服務後，允許客戶延後付款。客戶同意會在未來的某個時間付款。這筆業務交易因此在損益表上被認列為營收。但是，這時客戶仍未付款；且直到收到現金款項，公司都無法拿到這筆交易所帶來的現金。在客戶付款且支票得以兌現以前，公司都無法將這筆現金認列在現金流量表上。

- 在公司向客戶開出請款單後，可能需要 30 天以上才能得到相應的現金付款；請款單上的銷售金額會在損益表上被認列成當月的營收，但付款的現金直到 1 個月之後才會真的流進公司。
- 客戶沒有付錢，因為公司還沒有開立請款單給他們。客戶根本不知道他們欠下多少帳款，或者是他們非常容易對欠款這件事暫時失憶了。（我並沒有開玩笑，這真的會發生。）

第二種讓營收和現金不相等的原因是折扣政策。

- 有許多原因會讓客戶取得你的折扣。例如，一位客戶選擇迅速付款而得到了早鳥優惠，而這優惠並不會認列在損益表的營收項目上，但當客戶付款時，會從其付款中扣除掉。（營收其實就是營業收入減掉任何的折扣，這點我們在第 1 課時就提到過了。這就是為什麼營收也被稱為「淨」收益。）因此，你的營收會顯示出 500 元，但你的銀行帳戶卻只會收到 450 元。
- 若是收到任何有瑕疵的產品，或對公司所提供的服務不滿意，客戶有可能會向公司要求對原本的請款金額給予額外的折扣。在這樣的狀況下，營收也會高於最終的付款金額。

第三個原因對大多數的經營者而言都不會是陌生的經驗：客戶行為才是造成差異的主因。而這往往包含了各種讓人眼花撩亂的行為模式……

- 因為客戶銀行帳戶裡的餘額不足，他們付給公司的支票就此跳票了。
- 客戶沒有足夠的現金支付帳單，因而拖延付款或是花了很長的時間分期付款。他們基本上就是希望可以得到一個免費的貸款。

- 客戶在付款時使用第三方支付模式，例如 PayPal 或信用卡。這些第三方服務機構因為提供了付款的便利性，會從售價總額中抽佣一部分金額當成酬勞。公司仍會拿到大部分款項，但並非當初請款單上的金額。例如，假設一間網路零售公司的一項商品售價是 100 元，若客戶使用 PayPal 或是信用卡（也被稱為「仲介」或「第三方支付單位」）付費，則這間公司可能只會收到 94 元。第三方支付單位會抽取 6 塊錢作為佣金或交易服務費。

  你有可能會奇怪，如果一間公司使用信用卡或 PayPal 就無法得到全額款項，為何還願意接受這樣的付款模式呢？其中有三個原因：第一，每一筆交易金額都很龐大，因為當人們在使用信用卡付款時，通常願意花更多錢（你可能已經猜到了）；第二，這會讓賣家立即得到現金（在需要付帳時非常有用）；而第三，賣家無需向買方追討款項，因為付款的風險已經被轉移到當初授權通過這筆交易的銀行。

- 在客戶向公司下了產品或服務的訂單之後，客戶有可能會在取得產品或服務（而且公司已經吸收其成本了），但付款日卻還沒有到之前，就宣布破產並尋求破產保護。這是一個災難性的狀況，而這的確發生在我的一個中小企業客戶、一位珠寶設計師的身上。他從一位知名的零售商那兒取得價值 2 萬 5 千美元的訂單，之後零售商燒光了現金並宣布破產。為這筆訂單的出貨，這位設計師甚至借錢買了所需要的金、銀和珠寶材料。在他出貨之後，他毫不懷疑自己可以在 30 天後得到付款。但不出一個月的時間，那家零售商破產了。設計師從沒有拿到任何款項，也追不回那批商品，因為那批貨已經成了破產程序的一部分。如果你已經猜到，那位設計師不但根本拿不回那筆訂單的款項，

還需要自行吸收製作那批貨的成本（銷貨成本，就如同我們在第 2 課所學到的），表示你已經可以去上中小企業經營學的高階課程了。這就是活生生的例子。

- 更慘的是，如果客戶**的確**有付款給他的廠商，然後在付款之後的 90 天內宣布破產，在「優先支付」的原則下，管控破產程序的信託機構有可能尋求法院介入，並將那筆現金付款拿回來，優先償還給債權人。簡而言之，就算一間公司拿到了客戶開的支票，但在 90 天的付款兌現期還沒到以前，都不能保證你能拿到現金[1]。我真的不是在胡亂蓋你的。我有一個很熟的朋友是紐約一家專營信用和收帳的律師事務所合夥人，而他曾經仔細的告訴過我這個法律漏洞。

　　第四個，是你的損益表是如何認列資本設備，也就是，你是如何處理資產的折舊費用。

- 你的公司買進一部新電腦，在買入的同時就以現金全額付清了此設備的售價。在現金流量表上，會立即扣除這筆現金來表示這項支出的全額費用。但在你的損益表上，只會年復一年以**折舊**的方式來認列**一部分**的售價（即費用），直到這部電腦的所有耐久年數到了，並完整認列全部費用。為什麼呢？因為這部電腦在幾年以後便需要被替換掉。國稅局規定企業需要在那台電腦的耐用年數之間，逐年折舊其價值，並且將這筆折舊費用在損益表上認列成一項非現金費用。

---

1. 此例僅針對美國聯邦法庭所處理的破產法案，不適用於我國。

　　你需要徹底了解折舊的觀念和操作方式，因此我們將一起更深入的觀察。以上的討論可能讓你覺得有些熟悉（我希望），因為我在第 2 課時就談過了。當時我們在討論有關損益表和折舊應該被計為固定還是變動費用。而此刻，我們討論的是，折舊會如何讓營收和可使用現金額度之間產生差異。在以上的案例中，年度折舊會降低電腦的價值，這麼做是因為電腦會被使用、損耗，並逐漸變得過時。因此，在購買電腦的那一年當中，損益表上顯示出的折舊費用以及購買電腦所支付的現金會是不同的。在購買電腦當月的現金流量表上，就會顯示現金中已經扣除了支付購買電腦的總價；但若是此設備的全部費用都一次反映在損益表上，則公司當期的營收將會顯得更低。這是因為損益表只會反映購買電腦當年的年度折舊費用[2]。你只要知道，這是另外一個在現金流量表上面顯現出的年度現金流出，有可能高過損益表上的費用的原因。

　　如你所見，有許多狀況可能導致營收金額和公司銀行帳戶中的可用現金之間產生差異。雖然營收很重要，但你公司是否有辦法活下去並繼續經營，主要是取決於現金流量表，也就是說你的公司在一星期後、一個月後、一季後以及一年後，在銀行帳戶中剩餘多少現金。（附帶一提，務必每週固定檢視公司帳戶裡的現金。我真的無法更加強調這點的重要性了。）如果你有辦法在每一週過後都維持正數的現金部位，表示你的公司也有辦法撐過那些低迷的月份，**甚至是當你的損益表顯示出虧損的那些月份**。但若你沒辦法有正數的現金，那你的公司也就活不下去了。

---

2. 年度折舊法也同樣適用於我國會計法以及稅率。

了解收付實現制以及權責發生制

我也應該提一下，一間公司的損益表與現金流量表當中的差異，也會因為公司使用收付實現會計制或者權責發生會計制來認列一筆銷售是如何以及何時產生，以及費用又是如何和何時支付，因此而有不同。

大部分的中小企業都是使用**收付實現制**（cash basis），因為相較於權責發生制，這種會計方式顯得相對簡單。收付實現制是在當公司收到客戶端的現金，以及當公司使用現金來支付費用時，才做會計認列。在此方法下，訂單不會馬上認列為營收，而是等到客戶付清了請款單的金額後，才會將其認列在損益表上。同樣的道理，費用也是等到帳單都付清之後，才會被認列在損益表上。這種認列方式讓公司可以很容易知道公司目前的現金部位，而且讓損益表和現金流量表上的數目頗為相近。

但是收付實現制的問題在於，它對於利潤和現金是**何時**發生的，無法提供最正確的時間點。首先，它無法正確的記錄銷售週期，也就是說，客戶究竟是在什麼時間點購買了產品或服務；它只能記錄客戶是何時付款的，而這有可能是真正購買日的數週甚至數個月之後。這可能會使得客戶付款給你的那幾個月的利潤看起來遠比實際要好。其次，收付實現制可能使一間公司對於接下來會流入及流出的金錢往來，完全沒有任何頭緒。例如，它不會顯示出未來客戶將會支付給公司的款項（稱為公司的「應收帳款」）。同時，它也不會顯示出日後將流出公司，用以支付公司的債權義務（即公司的「應付帳款」）的現金。我會在第7課探討資產負債表時，更深入的說明應收及應付帳款。目前，你只需要了解收付實現制不會認列公司需要負擔的帳面義務，或是客戶應該要付給公司多少款項。也就是說，只要現金收支的動作還沒發生，就應該當作它不

存在。但其實這些即將發生的現金流動，對於目前有多少現金可用來經營這間公司，具有極深遠的影響。因此，除非中小企業經營者能步步為營，否則收付實現制有可能產生經營上的盲點。

舉例來說，我在多年前曾在紐約為一家網路公司做顧問服務，當我問其中一位主要成員，以他們目前的現金，公司還可以經營多少個月，他回答：「18個月。」也就是說，在沒有任何一塊錢營收進帳的情況下，這間公司還可以支付18個月的營運費用。這讓我由衷佩服──對一間新創公司而言，這是一個非常強大的現金部位。但是我和公司的會計聊了一下才發現，公司雇用了許多外包的程式設計師，他們每天都瘋狂地工作，但都還沒有拿到報酬，而且這些費用正在快速累積中。會計告訴我，公司其實已經累積了超過50萬美元的未支付費用──對一間還沒有賺進任何營收、正數的淨利或者現金的公司而言，這真是個天文數字。顯然，這間公司只有3個月的現金，而非18個月，可以用來營運並支付公司的費用。

這間公司的收付實現制會計系統沒有告訴經營者，雖然還沒有開支票給他們的程式設計師，但該付給他們的現金，實際上而言，已經被轉換為公司的費用，而不再是可支配現金了。倘若公司是使用**權責發生制**的會計系統，這個不斷擴大已結成動脈瘤的龐大費用，早就會顯示在資產負債表的應付帳款項目了（我們會在第7課討論到資產負債表），而現金也會好好的據此分配。

權責發生制（accrual basis）的會計原則是在銷售和費用發生時，不論是否有發生現金交付，便即時認列。在產品被運送出去或是在開立請款單時，而非收到帳款時，就會被認列為營收。同樣的，費用也是在收到供應商或承包商的帳單和請款單時就認列為費用，而非在公司支付這些款項時。使用此認列模式，客戶的購買和付款以及公司何時需要交付費用的時間也會較明確。權責

發生制的會計法則解決了當一家公司的營收和費用何時被認列，以及有多少現金以供公司營運，這兩者中間的時間差。這就是為什麼在使用權責發生制的會計法則時，損益表和現金流量表中的數字並不會非常接近。權責發生制是較保守的會計方式；使用此模式不會帶來任何惱人的意外結果。

　　對於公司的實際現金部位高低，權責發生制會計原則可以提供一個更清楚及全面的看法。（你的會計部門一定非常了解這些事，請問問他們貴公司是使用哪一種會計模式。）因為上述原因，我推薦所有公司，特別是年度營收達到 10 萬美元以上的公司，如果可能的話，請採用權責發生制而非收付實現制。如果你公司的年營收達到 5 百萬美元以上，那麼你的公司可能會被法律規定採用權責發生制。請會計師好好地讓你了解一下目前所採用的原則，以及公司需要遵循的任何法規。至少以目前而言，當你聽到這些專有名詞時，已經不會那麼陌生。

現金流量表如何運作

　　現在，你已經明白不能以為持有現金是理所當然的。你必須好好控管現金部位，而那其實是一件還滿簡單的事。你的現金流量表，就像油量表，會精確的告訴你在公司需要再度挹注資金以前，還能營運多久。任何一間公司的現金流量表上的所有數字，都只在有發生**現金交付**時才會認列——如果不是實際上收到款項，就是公司實際上付出了費用。

　　現金流量表看起來與你公司的支票帳戶報表很像。公司會從剛開始的現金餘額，即所謂「**期初現金**」（Beginning Cash）開始。接著，現金從不同管道流入公司，就是「**現金流入**」（或是「現金收入」，Cash In）。接著，公司使用現金來支付各項費用，那就是「**現金流出**」（或「現金支出」，Cash

Out）。在認列這些現金的流入及流出，並且加入或扣除期初現金之後，剩下的部位就是公司的「**期末現金**」（Ending Cash）；這應該還滿直接易懂的吧！以下是一個簡易範例，以一個我杜撰出來，名為「一個女生」的攝影工作室的各月份現金流量表：

	一月	二月	三月
期初現金	$10,000	$6,000	$5,000
現金流入	$3,000	$4,000	$10,000
現金流出			
房租費用	($5,000)	($5,000)	($5,000)
保險費用	($2,000)	000	000
期末現金	$6,000	$5,000	$10,000

現金流入（現金收入）

　　讓我們從一月開始，試著解釋發生了什麼事。這份現金流量表告訴我們一個女生攝影工作室在年初時，公司的銀行帳戶有 1 萬美元。下一行告訴我們公司接到了一些現金付款，確切來說，是收到了 3 千美元。這些款項很有可能是來自公司在 11 月或 12 月時開出的請款單。銀行通過了客戶的付款支票，而身兼老闆的攝影師──姑且稱她為妲拉，也把這些現金存入了帳戶。這真是一件美妙的事。這就是現金流入。

　　現金可以因為各種原因流入公司，而大部分的原因可能是：

1. 客戶付款了。太棒了！
2. 公司因故得到了退款或是折扣。這是好事，但這通常是偶發事件而不會時常發生，因此這通常不會成為一個重要且可以預期的未來現金來源。

3. 公司將一些額外的現金轉投資，而那項投資得到了一些利潤，並且利潤被存入了公司帳戶。當銀行提供給存款戶的利率很低時，這項存款的投資報酬往往低到可以忽視；但是當銀行利率很高，好比 1980 年代初期時，源自現金存款的投資報酬可能就很重要了。

如你所見，現金流量表最上面的兩個項目還滿簡單好懂的。你現在已經了解期初現金的金額是多少，也知道在一月時，有什麼來源的現金流入了公司帳戶。

費用

在現金流量表的下一個項目代表流出公司、用來支付費用的現金，稱之為現金流出。這間攝影工作室每個月都有 5 千美元的房租固定費用；同時也有一月需要繳交的 2 千美元保險費用。這也是一筆固定費用，但不同於房租，這是一年付一次的費用，而非需要每月支付。

請牢記，並非每種費用都需要每月支付。例如汽車保險通常都是半年一付（一年付兩次）。責任保險（以保障人們不會在公司營業範圍內發生危險）通常一年支付一次。但應該慶幸的是，這些較不常發生的費用，大都是固定費用而可以預期。因為固定費用，例如房租，是每個月固定的，你知道你會在現金流量表上看到相同的數字。如你所知，間接變動費用經常依據公司所達到的營收數目而有所改變（也因此被如此命名——這些會計師還真是聰明啊）。這些變動營運費用較難被預測，但其中的一部分是可以控制的。例如，一間中小企業的經營者可以選擇雇用員工或把資金投資在一個線上行銷活動。

期末現金

　　現金流量表在簽支票的當月，也就是在現金交付時，就會認列公司所付出的費用。在從期初現金扣除當期支付的費用（現金流出），並且加上收到的款項（現金流入），現金流量表的最後一行顯示出的就是該月的期末現金。以妲拉的狀況來說，她的現金流量表在一月份的月初有 1 萬美元現金；然後她收到了 3 千美元的付款，並且支付了 7 千美元的費用，最後她在當月底的現金餘額為 6 千美元。

　　請注意，一月的期末現金會成為二月的期初現金。這很合理，不是嗎？二月的期初現金就是 6 千美元。然後公司收到了 4 千美元的現金流入，並且支付了 5 千美元的費用，也稱之為現金流出，最後顯示出二月底的餘額是 5 千美元。

　　現在，若是妲拉在二月沒有收到任何的現金付款，會發生什麼事呢？

二月份現金流	
期初現金	$6,000
現金流入	000
現金流出	$5,000
期末現金	$1,000

　　這樣一來，三月的期初現金將從 5 千美元變成 1 千美元。現在，試想一下，如果公司在三月的期初現金只有 1 千美元，而整個三月都沒有收到任何現金流入，卻欠下了 5 千美元的費用，這就會變成一個完美的**現金危機**案例。為了度過沒有任何現金流入的兩個月，公司為了支付營運費用，勢必要申請貸款，或是關門大吉。現在你知道為何大部分的中小企業經營者都夜夜失眠了。

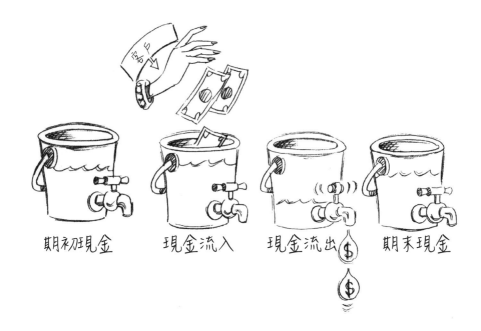

期初現金　　現金流入　　現金流出　　期末現金

輕鬆做好現金預算

　　這就是為什麼對於公司的管理而言，現金流量表會是如此有價值的工具。現在你了解現金流量表所告訴你的事情了，你可以開始利用這些資訊來預測公司流入及流出的現金。你不必再像個盲人開車般，不知道公司在每月月底前還有多少可以用來營運的現金；現在你已經可以預估每季甚至每年的現金需求，並且在現金危機發生之前就管理好現金。現金流管理的最高境界，便是能夠正確預估你公司的現金流將在何時較為吃緊，並且可以在這個時候適時創造出足以支應該現金需求的預算。

　　別被嚇到而打退堂鼓──建立現金流預算並不困難。你只需要在每年年底，請會計師為你印出一張全年的損益表以及現金流量表，然後將這些資料當

成預估下一年度現金流的基礎。你可以建立一張電子表單或者自己用紙筆記錄下這些資料。在最上方，將一年 12 個月都列出來，並且將「現金流入」和「現金流出」放在左側欄位。

從列出你的費用開銷開始：何時需要付款、並以前一年的數字為基準，列出明年可能需要繳付多少現金。房租、網站費用、薪資以及電費，應該都還滿容易預測的（皆為固定費用，即你的「每月開銷」）。如果你沒有尚未結案的審計案或訴訟案，法律訴訟和會計費用應該也挺容易預測的。將非每月付款的費用，例如保險費，放到你認為可能需要付款的月份。

接下來，估算你知道會需要支付的變動費用的金額。包括電話費、外包費、差旅和公關費、耗材費、設備維修費、行銷費用以及網路支援，甚至員工假日派對，都是很常見的變動費用。請務必從裡到外涵蓋讓公司得以順利營運的所有項目。要正確的估算這些費用，請看看上一個年度的該項目費用，並且思考在下一個年度，這些費用可能會更高還是更低。請寧可保守一些。如果你認為有什麼理由可能會讓這些費用變得更加高昂（這是不用想也知道的問題，它們就是會上漲！），或是你認為會增加更多費用（非常有可能發生！），請將你的預估數字往上加。

接下來是有趣的部分：預測將流入公司的現金。這個難度比較高，因為這事關你創造營收的業務部門盡了多少努力、客戶何時會付款、他們是如何付款（他們會要求折扣嗎；是否有第三方支付提供者？），還有，最大的問題當然還是在於，他們是否會付款。以下是兩個預測現金流入的不錯的經驗法則：

1. 假設將銷售以營收認列在損益表的時間，以及這筆銷售被轉換成現金流入並出現在你的現金流量表的時間，這兩者之間至少會有 30 天的

時間差。

2. 假設損益表中的營收，只有90%能被轉換成現金流入，不管其是因為抽佣折價還是其他先前討論過的理由。

對於下一年度的每個月營收大致上將是什麼樣的情況，你的損益表可以幫你相當準確的預測。從這裡你可以預測，你每月營業收入數字的90%會在一個月之後轉換成現金流量表上的現金流入。請將這些預測記入你的現金預算中。

例如，一個女生攝影工作室通常會在三月時為高三畢業生拍攝畢業紀念冊的照片。當姐拉在四月拿到相關證明後，會向客戶開出請款單，然後客戶會在五月或六月付款。這些銷售的收入將會在她開立請款單時，認列為四月的損益，但姐拉要一直等到五或六月，在收到客戶支票並且兌現之後才會認列為現金流入。如果姐拉想要預測在畢業照旺季中，何時才會收到付款，她就需要記錄下這段時間差。若她可以合理預測她在下一年度四月的收入大概會有多少，她就可以在她的現金預算當中，將該數字的90%認列成五月或六月的現金流入。

一旦你有辦法預測公司的費用（現金流出）以及收入的款項（現金流入），就可以找出在哪些月份的期末現金將有偏低的可能性。這些月份就是一般所謂的「淡季」。

舉例來說，我們現在看到姐拉公司的各項保險相關費用（責任險、健保、竊盜險等等）都需要在一月繳付，而這是一筆滿大的開銷。在攝影產業，一月的收入並不會特別多，因為客戶都還在忙著支付聖誕節的花費，並不會有再花錢的心情。但在此刻，公司卻有許多現金流出以支付那龐大的保險費用。姐拉

知道她應該無法使用下一個或兩個月才流入的現金來補足其中的差額。

　　這時，她需要有良好的判斷力，來思考在每年春夏兩季的現金流入旺季來到以前，該如何支付該筆費用，並且緊緊控制好手上的現金。例如，姐拉可能可以和收款方協商，爭取延後付款，或是將費用分幾個月來支付，以幫助她在淡季時留下一些現金。姐拉也需要努力控制花費，別在第一季採購那些正在促銷的新布景，不管折扣有多大的誘惑力。但如果在 12 月底的期末現金，顯示出足以支付這些費用，而不至於讓公司命懸一線，那就沒什麼關係。

建立你自己的現金流預算表

　　就像我曾說過的，每一間公司都有淡季，客戶的購買行為是有季節性的，因此大多數公司都有非常忙碌以及步調放緩的時期。在忙碌期間，營收非常強勁時，這就是投資你公司的好時機。在那個時間點，公司可以創造出最多的業績，而在一兩個月後創造出最多的現金流入。

　　在淡季時，最聰明的作法是嚴控你的費用。不只管理支出費用的多寡高低，而且也要管好你必須在何時支付這些費用。在來自客戶的現金流入開始增加之前，別支付任何你不需要的費用，這會降低你經營公司的借貸資金（以及伴隨而來的利息費用）；也會讓你更有效的管理好公司現金流入與流出的時間，並且避免萬一發生無法預期的開銷（糟了！天花板在漏水！）以致破產的可能性，或是因為客戶發生財務危機，而造成現金流入突然意外下滑。

應該避免的燒錢陷阱

　　這裡有好幾種在中小企業常見的浪費現金的方式，使他們踩下加速邁向破產的油門。雖然我只提出以下這幾種，但其實光就這個問題，我就可以單獨出一本書討論。

:: 陷阱① ▶▶▶ 避免在還沒有建立起衡量成功的標準之前就聘請顧問

　　丹娜，一位非常傑出的專業軟體開發工程師，就犯下了這個錯誤。她的生意應該可以做到兩千萬美元的年營收，她應該與全球前 500 大企業的公司合作；但她如今反而掙扎於避免讓她的公司熄燈。丹娜雇用了一家應該可以支援業務以創造營收的公關公司。那家公關公司不斷告訴她：「再幾個月」就可以順利完成他們的工作，而這個藉口一用就是三年。以每個月 1 千美元的費用而言，你可以很快算出她究竟花了多少錢在這場騙局上。雖然公關經營的確需

要一些時間才能看出成果；但一個計畫周全的行銷策略，應該在 3 到 6 個月之內就可以逐漸看到成績。

請建立責任制度！事先確定你要如何評估他們的效益——而且需要在多久的時間內做出這樣的成果。判定成功的其中一種衡量指標可能會是，在你的公關宣傳活動之後，有多少人是直接因為這個活動而聽到、讀到或是體驗到你的品牌。另外一個衡量指標可能是營收的增加。若是在一段合理的時間週期後，公關公司仍舊沒有達到這些指標，就直接炒他們魷魚吧。

:: 陷阱② ▶▶▶ 避免雇用沒有責任感的業務員

有一位建築師約翰，雇用了一位能言善道的業務員。這位業務員在還沒有做出任何一毛錢業績前，就先替自己談到了 15 萬美元的固定年薪，再加上員工福利。在擔任此職務四年後，這位業務所做的業績，仍舊連公司付給他的薪水和福利費用的一半都不到。（請記住，雇用一位正職人員的實際費用，往往大約是他薪水的兩倍[3]。）因此，保守估計，約翰用以支付這位業務員的薪水和福利的實際費用大約是一年 25 萬美元。將這驚人的數目乘以四年，你會得到對公司而言的實際費用——100 萬美元。我認為這是一筆非常可觀的費用。

如果你選擇雇用一位正職的業務員或經銷商，請清楚表達你將如何評估他們的績效，以及該在什麼樣的時間以內達成。別害怕，請詢問他們你該在何時開始預期看見成效。接著，將至少一部分的業務酬勞與完成這些評估指標連結起來。這樣一來，每個人都應該會更有動力做出好業績。

---

3. 指薪水加上各項福利、保險以及該人員的各項開銷，在我國雇用一位正職人員的實際費用（薪水加勞健保）端視該人員的基本薪資（勞健保費率依照薪水的分級計算）而定。

∷ 陷阱③ ▶▶▶ 避免聘用海外員工

　　許多公司因為海外的每小時薪資遠比北美地區來得低，而選擇雇用在遙遠世界的另外一端的人力資源。但當你雇用位於海外的人員時，就等於將你的公司交給了位於另外一個時區、你無法監管到的員工；他們擁有不同的文化價值觀、說著不同的語言，而且可能無法勝任你交給他們的任務。我的經驗告訴我，雖然他們的時薪很低，但卻可能需要花費兩倍的時間來完成一件任務。結果就是，你可能會比預期燒掉更多的錢，同時也因為那些凌晨三點鐘的電話會議而犧牲了自己的寶貴睡眠。

　　請三思，然後在你走上這條路前，再好好想一遍。我非常尊敬提倡工作外包的企業家兼暢銷作家蒂莫西・費里斯（Tim Ferris），但我從來不曾對我外包後所得到的結果感到滿意。我聽從了他的建議，花了 1,500 美元，並且在一個月後開始後悔。而且，我的確認為睡眠時間是很神聖的。

∷ 陷阱④ ▶▶▶ 避免做太複雜的公司網站

　　軟體的選擇性每天都在改變，而選擇出什麼才是對你公司最好的，是一個艱巨的任務。科技迷總是希望採用市面上最新、最炫的軟體。是的，軟體可能的確很酷，但這些軟體通常都沒有經過足夠的實務測試。我曾以慘痛的代價學到，無論是想要上傳影片或語音，採用未經充分測試的軟體，只會增加你網站當機的機率。一旦發生問題，你還得花大錢找軟體工程師來開發一套客戶程式，好讓你的手機 App 或網站能夠與這個軟體結合。接著，軟體工程師也得再教你的網站管理員該如何更新這些玩意。以一個小時要付 150 美元計算，你會在一眨眼的時間就燒掉上千美元。這個過程還有一個額外的風險：你將需要花太多時間來管理你的網站計畫，沒有時間去做可以為公司帶來收入的活

動，例如打電話給客戶。

∷ 陷阱⑤ ▶▶▶ 避免追求線上廣告及社群媒體等「魔法子彈」

線上廣告和社群媒體方案可能非常誘人，但也可以讓你迅速燒錢，且如果你無法有效管理，很可能浪費你很多時間。幫你開發並經營網路活動的行銷顧問也帶來風險，就如同聘請一位 SEO（搜尋引擎最佳化）達人一般。無論你網站搜尋排名是否提升，也不管你的營收是否有任何成長，你都需要支付這些人一大筆錢。你將看到營業費用迅速而大量的增加。

你雖然不能不利用網際網路以及社群媒體，但你必須確定你真的知道該如何評估這些行銷計畫有沒有成功，同時也應該知道，若是其中一個或幾個行銷計畫沒有帶給公司實際的價值，該何時喊停。

當然還有很多方式可以讓一間小公司迅速燒光現金，而我很希望你能避免掉絕大部分的燒錢方式。

別誤會我的意思，我並不是叫你永遠別聘用顧問、海外人才、或是最搶手的網站設計師；我是在告訴你，**請將你投資在這些人士的現金視同公司的重要命脈**。為了公司的存續，這些現金投資必須要能在一定時間內為公司帶來足夠的現金流入。在經濟蕭條時，每一毛錢都是很重要的；同時，績效的風險也極其重要。請設定好明確的績效衡量指標，並且確保你的薪資合約並不會讓你得持續付薪水給績效很差的員工。將公司的網站保持在簡單、好操作的介面。先用內容來測試市場接受度；請等到造訪人數大幅增加，再投入較多現金打造華麗的網站。在你所嘗試去做的事情中，不可能每一件都成功，但身為一間中小企業經營者，控管損害以及保護公司的存續，是你的責任。有一位非常成功的企業家告訴過我，最成功的中小企業經營者並不是那些永遠不會犯錯的人；而

是那些會**更快**修正計畫的人。請成為這種人吧。

┨第 5 課重點整理┠

- 正數的利潤並無法保證公司不會破產；保持正數、穩定，並且大於現金流出的現金流入才可以。

- 在當月認列的營收，很少能在同一個月份內被轉換成現金。

- 營收和淨利是以損益表來衡量的；而現金流是以現金流量表來衡量。

- 在公司的現金餘額認列上，損益表和現金流量表會因為客戶何時購買、何時以及如何付款，還有公司何時支付相關費用，而可能會顯示出完全不同的數字。

- 對於公司的現金部位，權責發生制會計原則，而非收付實現制，可以帶給中小企業經營者更全面而準確的觀點。這種會計原則會認列未來將發生的應收帳款以及應付帳款。

- 現金流量表就好比你個人帳戶的支票報表。其量測期初現金、現金流入（來自客戶的付款）、現金流出（公司支付的費用）以及期末現金。

- 當月的期末現金會轉換成下一個月份的期初現金。

- 每週都檢視一下現金流量表，以及每個月底檢視當月份的損益表，是非常重要的。

- 在事先規畫預算的過程中，你可能會發現在一年中，哪些月份的期末現金比較高，又有哪些月份比較低。這能幫助你在發生現金危機，並且威脅到公司存續之前，提早修正你的方向。

- 假設在客戶購買以及公司收到其付款之間，存在 30 天的時間差。

- 在尚未收到的收入款項中，無論是因為公司所採用的付款方式，或是因為客戶有現金危機，請假設有 10% 將永遠都無法兌現。如果公司能夠將所有的營收都轉換成現金流入，就要感謝老天爺眷顧，因為這可是非常罕見的。

- 抓緊所有的費用，可以幫助你保留現金。而保留現金是在任何經濟情況下都能活下去的關鍵。現在你已經都了解了。

管理你的現金流──
現金當然是越多、
越早到越好

在損益表中所認列的營業收入,並不一定能夠完全轉換成銀行帳戶中的現金。唯有客戶付款(而且要準時!),現金才會流入公司。如果現金週期的控管出問題(甚至根本疏於管理),早晚有現金不足的窘境。在這一課,你會學到輕鬆管理現金流的秘訣。

| 你可以學到這些 |

- 了解你這一行對應收帳款政策的行規,照著做。

- 請款無難事→製作專屬請款單。

- 要求現金折扣和延後付款。

- 和客戶端的出納人員做朋友。

現在你應該已經知道該如何讀懂現金流量表，並且用它來建立現金流預算了。希望你已經確信，為了讓公司能持續營運下去，節約現金是至關重要的，而你必須審慎管理現金流出，好讓每一筆費用支出的目的，都在於讓公司得以順利營運，而非慢慢榨乾公司的重要命脈。

現金流管理的核心在於現金週期。在大多數公司裡，現金週期都是以**付款條件**（terms of payment，其指出全部的銷售金額必須在哪一天之前付清，並且列出在何種情況下得以取得折扣）為基準，而非單純的現金銷售。現金週期可能會如下列情況：

1. 完成一筆交易。
2. 產品已經完成出貨，或者已完成服務。
3. 一旦公司達成己方義務，會向客戶開立一張清楚標明付款條件的請款單。
4. 一旦請款單已被付清，現金將被存入公司的銀行帳戶。
5. 此時，公司得以支付營運相關費用。

在理想的情況下，這個週期將無縫接軌地順利進行；但在現實世界中，每一階段都有可能遇到問題，因此，**每一個階段都需要控管**。許多經營中小企業的人都誤以為唯一能夠增加現金流的方式，就是去設法影響這個週期當中的第一階段，也就是增加銷售量。但如同你在上一課所學到的，在你的損益表中所認列的營業收入，並不一定能夠完全轉換成銀行帳戶中的現金。其中有許多繁瑣的因素可能會影響到那些營收將在何時、如何以及是否能真的轉換成現金，而這所有的因素都是在第一階段**之後**才會發生。擴大信用期限及額度、請款程序、付款程序、與客戶協商，以及與供應商、銀行和內部員工協調，這些都是

會對現金週期產生直接影響的管理技術。若都能妥善處理，則一間公司將能夠從現有營運流程中達到最佳的現金流。來自營運的持續性現金流，可以降低需要增加營收或向外借貸的壓力。但若是現金週期的控管出現問題，或者是像一般常見的根本就疏於管理，則公司早晚會出現現金不足的窘境。

在這一課中，你將學到如何輕鬆管理現金流的方法，並且讓公司所取得的營業現金最大化。

管理你的現金流入

如同你在前幾課所讀到的，現金之所以能夠流入公司的最主要原因來自於客戶的付款。你也知道，營收和現金之所以會產生落差，大部分的因素都在於客戶如何、何時或是否確實會付清款項。很顯然的，將營收轉換成現金以增加你的現金流，和如何讓你的客戶付款，特別是如何讓他們**準時**付款，有很大的關係。

你知道嗎？如果一間公司在履行產品或服務義務之後的 30 天內，沒有獲得付款，那麼日後你得到這筆款項的機率將大幅降低。如果在 60 天後仍然沒有付清，則客戶會付款的機率將更低。因為產品出貨或者服務已經完成，卻無法帶進現金，過多的請款單呆帳將威脅公司的存續。（是的，「呆帳」就是你所想的意思：這些請款單已經積欠許久，能收回的機會渺茫。）

不幸的是，許多中小企業都是因為其經營者落入以下有關公司如何得到客戶付款的迷思，因而面臨生存的威脅：

迷思：只要公司提供的服務或產品令客戶滿意，客戶就會自動付款。

事實：若你所經營的公司沒有明確的為每一筆交易訂出付款政策，且這些

政策也沒有清楚的告知客戶，則不論你的產品或服務多麼讓客戶滿意，到最後你還是有可能抱著一大疊不會兌現的請款單。

　　迷思：公司在送達最後一項產品給客戶時，客戶就應該知道他這整個案子欠公司多少錢，並且會立刻付款。

　　事實：只有請款單（或是發票）才能啟動付款週期。客戶在收到請款單以前，沒有任何付款的義務。而且如果該請款單沒有提出完整而正確的資料，或沒有把請款單準時送到客戶手上，那麼就不能保證會有任何客戶將在對的時間點、支付給公司正確的金額。如果你是在專案完成以後，過了數天、數星期或者數個月才向客戶遞送請款單，你猜公司何時才會收到付款呢？當然是你認為的應付日期的數天、數星期或者數個月以後。

　　許多中小企業並沒有應收帳款政策（或稱收帳政策），而就算公司有此政策，在對其員工、供應商以及客戶有效溝通此政策時，也遇到許多困難。而且，大多數中小企業，尤其是服務業公司，並不會在為客戶完成交易的當天就立即請款。這就好比你切斷自己的現金流——客戶並不會關心你公司的現金流是否穩健，那是你自己該做的事。

對客戶做風險評估

　　或許保護你的現金流最直接的方法，就是盡量避免與不太可能付款的客戶做生意。銀行界將此列為風險管理的最基本流程，它們會審查一家公司的信用歷史，判斷它過去在完成其付款義務上是否有好名聲。當一家公司為一筆訂單提供付款條件，這家公司實際上就像是為客戶提供一筆無息貸款的銀行。直到客戶付款以前，公司都需要代為墊付其銷貨成本以及所有的營運費用。假如有家新企業客戶向你要求某些付款條件，請在答應前事先完成風險評估。就算該

客戶的名聲響亮，也應該向其他供應商確認它是否會好好付款。若該客戶是一間私人公司，就要求它提供三位你可以聯絡的推薦人，以確保這位客戶值得被信賴。接著，請真的拿起電話打給那些推薦人。這會很花時間嗎？是的。但努力收回呆帳也很花時間。盡早做好風險管理永遠都是值得的。

當我還在經營閃亮亮公司的時候，銷售對象是超過上百家的精品業者，而大部分的精品店老闆都是經由公司行號名義經營的個體戶。有一家位於佛羅里達的精品店，在一開始是採貨到付款（COD）方式採購我們的 T 恤。在六個月期間，我們向這家店總共出了四次貨，而每一次貨量都比上一次來得更多一些。在前三筆訂單，當貨送上門時，對方都已經備妥要支付給我們的支票。接著，因為已經建立起良好的付款信用，對方要求我們對第四筆訂單提供 30 天的付款條件。你猜結果發生了什麼事？他們**從來沒有**支付那第四筆，也是最大一筆的貨款。

20 年後，我還是會對那筆沒收到貨款的請款單生氣——錯其實在我。在事情發生後，我詢問了過去曾與對方做生意的另外三家供應商，以了解這位先生是否只欺騙閃亮亮公司。他們全都回答，對方根本從來沒有付過帳款。諷刺的是，這位精品店老闆給過我這三位供應商的資料做他的信用推薦人！他算準我不會真的聯絡這幾位推薦人，而他賭贏了。這讓我學到一次昂貴而永生難忘的教訓。假如我一開始就有做風險調查，就能替公司挽回數千美元的現金損失，而我當時就是認為自己太忙了。請不要重蹈我的覆徹。

以下是另一個我學到的慘痛經驗：當一位潛在客戶離你的競爭對手而去，願意來向你購買時，請別高興得太早。請找出他們離開對手的理由。有時候，他們離去只是因為有不付款的惡習，而正在尋找一個新的、願意提供免費貸款的供應商……而且他們永遠沒有償還的打算。

訂出你的應收帳款政策

每家公司都需要建立一個處理應收帳款的政策，定義出每一筆交易的付款條件。客戶應該確實了解你期待他們在何時、用何種方式為你所付出的服務或是交付的商品付款。對於管理你的現金流風險而言，好好的溝通這些需求及期許顯然是非常重要的。

以下這些要點，會告訴你如何發展並與客戶溝通有效的應收帳款政策：

- **了解你這一行的應收帳款政策**。每一種行業都有應收帳款政策的行規，而大多數的商會或是財務部門都可以提供這項資訊。在你這一行，客戶多半都是在 30 天以內付款嗎？若是提早付款，會提供折價優惠嗎？產業行規會因產業別而不盡相同，而了解這些行規是你的責任，好讓你的收款政策能符合同業的期待。

- **訂出一個可以視各項變動，例如訂單或專案大小、不同客戶類型而調整的應收帳款政策**。你的會計師可以幫助你訂出應收帳款政策，好讓它不僅可以符合業界標準，同時也可以針對公司本身的業務以及客戶群來調整。或許你對於大客戶、常客或者是忠誠的長期客戶，可以給予不同的付款條件。對於較大筆的訂單，你也可以訂出不同的條件。

- **對於需要分好幾個階段或好幾個月才能完成的專案，你的收帳政策應要求初始保證金，以及特定的期中付款**。如果你需要配置時間及資源給一個新專案，客戶應該先付出前期款項，以表現誠意以及對專案的認真。當收到初始保證金以後，在專案一步步推進，達到各項合約中所列出的里程碑時，公司應開出請款單要求客戶付款，好讓你的公司在已經完成服務的成本支出以及現金收入之間，維持一定的平衡。這

可以降低收帳風險以及公司的機會成本。若是因為情勢或人事改變讓客戶決定提早終止此專案，至少公司到目前為止所提供的服務能得到某種程度的補償。

以下是一個真實案例，慘痛的證明這一點的重要性：我認識的一位設計師花了六個月設計一個網站。她為了幫客戶創造出一個很精采而實用的網站，投入了數百個小時的心血。在完成所有的工作之後，她向客戶遞出請款單，接下來卻未曾收到這筆款項。若她在簽約時至少試著拿到一筆保證金，就可以在開始進行這份工作前，隱約發現到客戶並不打算付款。別落入這個圈套；請堅持要客戶付出初始保證金。

- **別讓你的收款政策變成一個秘密！**請在公司的所有交易合約中加入你的應收帳款政策，好讓客戶在簽約時便清楚了解他們該如何以及在何時對你所送出的請款單履行付款義務。別等到客戶已經完成採購，請款單已變成呆帳，才來忙著討這筆錢，才試圖和客戶溝通你的應收帳款政策。

- **不僅是客戶，請與公司所有相關人員溝通你的收帳政策。**所有負責支援的員工以及外包廠商，都應該清楚公司的收帳政策。公司的會計應該了解，你的會計師也應該了解；任何兼職或正職的員工都應該了解。你的應收帳款政策應該成為公司特色的一部分。

- **抓住任何機會加強宣導你的應收帳款政策。**請在請款單上或是其註腳中註記你的收帳政策，以提醒每一個人，讓他們知道你對收到款項有多麼在乎。如果你不在乎，那你的客戶又何必在乎？

設計你的請款單

　　不會有任何事物能比公司的請款政策對現金流造成更大的影響了。以下是一些如何設計你的請款政策，好讓客戶**樂意**掏出現金來交換你優秀的產品和服務的關鍵要素：

:: 法則① ▶▶▶ 拿出你的態度！

　　請充滿自信，而非畏畏縮縮的送出請款單。如果公司確實交出了很棒的產品或服務給客戶，則請款單僅僅代表這是一個等價的交換──客戶以金錢換取公司的技術。在要求你的客戶付款時，別畏縮，也別拖延。

:: 法則② ▶▶▶ 列出客戶所得到的好處

　　一張請款單不僅是公司所完成的服務的帳單，更是一個得以連結客戶從公司所得到的種種好處，以及你要求他們支付該款項的策略性文件。請記清楚：客戶並不是雇用你來做事，他們是雇用你來達成目標的。你提供了你的經歷、努力以及處理問題的能力，來達成那些客戶期望看到的目標，而那就是客戶所得到的好處。首先，請確認你是否有在請款單中清楚描繪出你完成的工作和帶給客戶的好處；你是否為客戶建立了一個新的首頁，因而提升了網站流量？你是否為客戶的大喜之日照了上百張照片，記錄下了他們的喜悅？你是否修補了50平方英尺的地板，改善了客戶家門口的安全性？將好處直接寫在請款單上，就放在你希望他們付出款項的正上方。

　　接下來，向客戶提示出為完成工作（以達成那些好處），你所提供的實際技術、人力、專業以及各種貢獻。如果員工工作時數很多，也記得要將這點寫在請款單上。這種寫上包括客戶得到的結果與好處，以及你們為完成專案所付出的各項努力的請款策略，可以讓客戶看到其中無形的價值。

　　當客戶看到請款單上的價錢時，就會非常明白是為了什麼而付錢。你的公司將會更快得到付款，現金流也會因此而改善。

:: 法則③ ▸▸▸ 把客戶的好處以量化方式呈現

　　很多藝術工作者在客戶拒絕他們所開出的價格時，都會覺得被羞辱了。但這真的只是人的本性罷了。客戶需要你把你為了做出了不起的成果所付出的努力轉化為數字。

　　客戶熱愛並期待看到的另外一個好處就是省錢。大多數人在得知他們所付出的價格可以讓他們換取絕佳的價值時，都會產生某種滿足感。這也是你應該想辦法給客戶的。如果專案價格是 1,000 元，而客戶可以因此而省下 10,000 元，則這個省下的數目就應該標註在每一次的請款單上。如果你提早完成了一項工作，就在請款單上註明省了幾天甚至幾個星期。若這項工作的實際費用低於預算價格，就在請款單上註明原本的預算以及最終價格。身為專案管理人，如果你決定「奉獻」兩個小時以完成客戶的專案，在請款單上也應該註明這兩個小時以及其價值，接著將這兩個小時的費用畫掉，改寫上「免費」或「費用＝ 0」等字眼，讓客戶立刻看出他們因此省下了多少錢。

　　我總是在請款單上提醒客戶，我僅需競爭對手的四分之一時間來完成這項工作。以每小時計算，我所得到的待遇很值得我的努力；但若是以總金額計算，我的客戶則拿到了本年度最划算的一筆生意。我的請款單將會非常明白指出這一點，而這也讓客戶對所花的錢感到非常滿意。

:: 法則④ ▸▸▸ 讓請款單顯得人性化

　　若是你的團隊當中有 3 個人經手了這個案子，請列出他們的姓名。這會讓客戶明白這項工作並不只是一個商品，而是由關心其結果的人真真實實的參

與過。賈伯斯是這種概念的狂熱信徒——他讓他的原始設計團隊在第一代的蘋果電腦的內部簽名，這顯示了他對該產品所有權的驕傲。

請款單會成為一家公司為每位客戶所提供的價值的持續性記錄——達成某種成果的一種見證。列出客戶所得到的好處，是讓你的產品或服務與競爭對手有所區隔的關鍵。這會提醒客戶是什麼讓你所經營的公司與眾不同而且比對手更專業。也有助於讓你做出更高端的定價策略，同時也是讓你所付出的時間得到穩固回報的關鍵。請款單可以幫助公司建立商譽。

設計你自己的請款單

開立請款單的策略

現在你已經知道該如何設計你的請款單，接著讓我們討論一下該如何以及何時將請款單遞交出去。

:: 當日請款

經營服務業的公司，應該在為客戶完成一件案子的**當天**就開立請款單。但我非常驚訝的發現，實際上只有非常少數的公司確實遵循這條基本原則。在你替客戶完成專案的當天，就應該立刻將請款單送到客戶手上，別拖到明天！

我聘雇來幫我建立「小公司的大幫手」的網站設計師，經過了 9 個月才開立請款單給我。對他的公司而言，他完成的工作應讓公司得到價值幾千美元的款項，但卻沒有拿到。對我來說，我也應該要讓應付帳款保持在最新的狀態，因為這會影響我的商譽。但身為客戶，我並沒有辦法在不知道應付多少錢的情況下付款。我一共打過 5 通電話催他開立請款單，這應該是一件怪事——客戶多次主動向供應商催帳單。當我詢問該公司的業務代表究竟是什麼狀況時，她竟回答：「我很常聽到客戶這樣問我。」若是你想要體驗現金流自殺的話，這麼做就對了。

請學到教訓。在專案一開始時，就應該和相關人員以及客戶溝通好你的收帳政策，讓客戶知道你會在完成案子的當天即遞交請款單，這樣一來就不會感覺意外。接著，等案子一完成就把請款單送過去。**馬上送過去**。在請款單被送出之前，付款的時鐘都是靜止的。越早送出請款單，你的公司就會越早收到錢。

:: 確認對方收到了請款單

當你寄送出請款單以後，永遠都要記得確認你的客戶確實有收到。如果你的請款單是用電子郵件寄的，請記得要在寄件時要求對方回覆確認收到郵件。請款單實在太重要了，禁不起漏接。這也提供了一份證明，以免在有人離職時沒被交接，或是有人試圖做為不付款的理由。如果情況需要，你也可以使用這種說法：「你沒有收到請款單嗎？這就奇怪了。我正在看你在十一月十一日確認回覆的郵件，上面寫說你收到了。」就像邱吉爾曾經說過的，事實勝於幻夢。

:: 分多次遞送小額請款單

請款的關鍵是讓客戶可以較輕鬆的付錢給你。這或許聽起來理所當然，但當你知道只有很少數公司的經營者真的知道該怎麼做，一定會感到驚訝。就算你本來就已經知道將會收到一筆帳單，但是當你真的收到一張金額非常大的請款單時會如何呢？你的腹部開始感覺有什麼在糾結抽痛著，這筆請款單已經變成了一種負擔。吃飯時，咬小口一點總是比較好消化，這點你也同意吧？

對於金額達到數千美元的請款單，我會建議將這些單據分成較小的金額，開出多張請款單給客戶。這會讓客戶比較容易付款給你，藉以增加你的現金流，並降低收帳的風險。這會需要你多花費一些額外的精力，並且要有前瞻性的計畫，但如果你仔細思考過所得到的結果，那些就都不重要了。

艾波蓋特集團（The Applegate Group）的執行製片人曾經邀請我為她的公司觀眾群錄製一些商務密技。在錄影時，攝影師告訴我，他曾經為一間大型會計師事務所拍攝影片。該事務所有一個人告訴他，當他們從每月改成每週向客戶請款之後，他們收到款項的時間因此而加快了30%。這位攝影師聽從他們的意見，也開始學著每週向客戶請款。與其每個月向客戶一次性的請款 2

千美元，他將這份帳單拆成四份，每個星期請款 500 美元，而他收到款項的時間也因此從 60 天縮短為 10 天。我多麼希望可以讓這位攝影師上鏡頭啊！請款流程的微小改變，也可以對現金流造成如此戲劇化的影響。

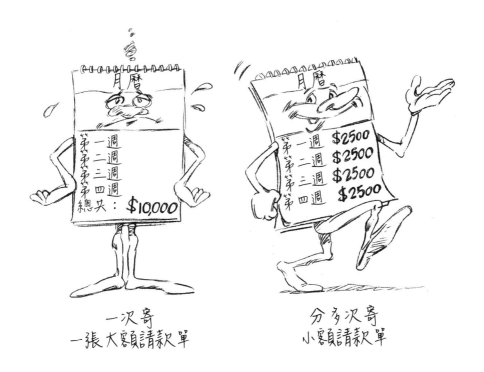

一次寄
一張大額請款單

分多次寄
小額請款單

∷ 嚴密追蹤未支付帳單

掌握好有哪些尚未付清的請款單，根據你的應收帳款政策，客戶應該何時付款，以及任何一張到期帳單在客戶的「應付帳款」資料夾中躺了多少天（即延遲付款的天數），都是非常重要的。每一週，你都應該清楚知道在下一週有那幾張請款單將到期。在大部分的會計軟體中，你都只需按一個鍵就可以追蹤

請款單已被遞送出去的天數。如果你不知道該怎麼做，請讓你的記帳員調出已到期請款單的帳齡報告。這份**帳齡報告**（aging invoices report）將會告訴你：

- 所有尚未付清的請款單。
- 每一筆請款單的付款截止日期以及自遞送日起迄未付款的天數。
- 每一筆請款單的請款金額。
- 每一筆請款單的應對客戶。

你將發現這份報告有多好用。

如果請款單的平均累積天數低於 30 天，這是一個好徵兆，這代表你公司員工時常打電話給客戶，確保請款單得以被付清。帳齡天數越少，表示公司將請款單轉換成現金付款的速度越快。如同你現在所了解的，尚未付清的請款單若累積超過 30 天，則拿到付款的可能性將大幅降低。

:: 在付款期限快到時，打電話提醒客戶

成功的企業經營者很清楚，不管喜不喜歡，都需要身兼催收業務，他們會打電話催討付款。他們知道，在付款期限的兩天**之前**打電話，而非期限過了才打，可以幫助他們維繫客戶關係。為什麼呢？當你在付款期限前打電話給客戶，那會是一通愉快的通話，你提醒對方，代表你願意給客戶一個機會，相信他們會付款，而你只是在幫助付款程序的進行罷了。你希望盡一切所能以確保付款流程有效進行。詢問客戶是否在付款流程中有任何你可以幫上忙的地方。他們是否得到了所有的資訊？資訊是否正確？使用支票付款對客戶來說會比轉帳更花時間嗎？若是轉帳程序需要客戶填寫任何表格，向客戶表達你願意幫忙填寫並在當日回傳表格，你將可能因此而更快獲得付款。

　　我尤其建議你在星期二到星期四之間打電話給你的客戶。星期一往往過於忙碌，而星期五則是因為快到週末，大家都心不在焉。最好在午餐時段前後打這通電話。我喜歡在大約上午 10 點時打去，這會給對方一個消除早上疲憊與忙碌事項的機會，而且這時候對方還沒有餓到肚子咕咕作響。我保證──這段對話不會太痛苦。

和「蘇西」建立好關係

　　當你檢查尚未被付清的那些請款單而打電話給大客戶時，你很有可能正是在跟「蘇西」對話。蘇西是誰？她就是你客戶公司的出納人員。她就是在月底時裁下那些支票的人員。蘇西很有可能是地球上最無法在工作上受到表揚且薪水過低的人，但對於中小企業而言，她卻掌握了「通往王國的鑰匙」。她掌管了客戶的現金部位。很多時候，她是決定要先付款給誰、付多少錢以及何時付款的人。在客戶端也有一個誰可以先得到付款的優先順序，而你的客戶很可能永遠都不會告訴你這件事，但這的確是存在的。而你也必須知道。在付款時，提供獨一無二或是難以替代的商品或服務的供應商永遠都是第一順位。身為一位中小企業經營者，你不太可能成為付款順序的第一順位，因此，如果你和蘇西的關係越好，越有可能早點拿到款項。

　　大部分中小企業經營者都花費許多時間，與在客戶端簽下採購訂單的那些人維持關係，但他們永遠都不會遇到最終簽下支票的那些人。永遠別忘了，達成業績營收是很厲害，但能收到錢更厲害。請調查清楚與公司有業務往來的所有大客戶中的「蘇西」是哪一位。如果可能，請親自與她見面，跟她握手，並且直視她的雙眼。當你收到她寄來的付款支票時，請手寫一張感謝函，並親自去郵局寄給她。**我並沒有在開玩笑。**請花這麼一點點時間來確實做這件事。為

什麼呢？因為除了你，沒有人會如此重視蘇西對你公司的意義。蘇西從來不曾收過任何一張感謝函，每個人都對她予取予求，但你不會犯下這種錯誤。而正因為這樣，當她看到你送去的請款單時，你對她來說並不會只是一個單純的陌生人，你可能甚至應該請她吃頓午餐。在午餐時，如果你問她：「最近情況如何？」你將對你接下來會聽到的消息驚訝不已。

以下是一個關於一頓午餐的真實故事；這頓我買單的午餐所得到的價值是午餐花費的許多、許多倍。多年以前，我請客戶端的一位出納人員吃一頓午餐。他告訴我該客戶快要破產了──而且他正打算拖欠支付給我的帳款。我當天就找了律師，並且寄出一份正式通知給該客戶，以終止我們的合約。終止原因是客戶無法支付我們合約金額的餘款。我在該客戶把錢都燒光並且無法再支付日後的請款單之前，便很禮貌的結束了我們的專業關係。那次真的是好險。很慶幸的是，因為我已經和對方的出納人員建立起信任關係，他非常的直接，讓我得以在一切都毀掉之前做了一些風險管理，至少不會增加更多的損失。

你永遠都需要與那位處理你請款單的人建立好關係，就算客戶是一個直轄市或政府機構也一樣。負責付款的還是一位活生生存在的人，就如同蘇西一樣，而並非某個面貌模糊的官僚。我曾經為我那一州的某政府單位贊助的訓練計畫花了很多心血；然後我在時間內送出了請款單，但五個月過去了，我仍然沒有得到付款。是的，大部分政府機構在處理付款時所需要的時間與真實世界不盡相同，所以我早已有會較晚拿到付款的心理準備。可是事實卻是，在這個計畫裡與我共事的人和我同時間遞交了請款單，而她卻在 30 天之內收到了款項。這一點都沒道理。

在打給發包此工作給我們的機構聯絡人、又繞了很大一圈之後，我成功的找到了那位出納人員。她當時人在距離我差不多有 500 英里遠的地方。當我

打給那位出納人員時，我並沒有抱怨；雖然我的確對於完成了一個如此傑出的專案，卻無法在合理時間內拿到付款感到不快。但我告訴她，我只是希望確認我的請款單是否的確有在他們的系統裡，以及造成拖延付款的可能因素。我的付款資料是否都有被正確的輸入系統？請款單是否寄丟了呢？我是否應該在請款單附上其他資訊呢？同時，我也詢問她，是否有任何我可以做的事情，好讓她的工作可以輕鬆一點？（你最後一次被人如此詢問是多久以前的事呢？）

簡而言之，那位出納人員真是非常的好。我已經忘了她的名字，但我仍然記得她的好意。我在 5 個工作天之內就拿到那筆款項了。

除了與蘇西建立好關係，中小企業經營者若是能夠從蘇西的角度來理解這個世界，他們將會因此而得到極大的好處。

∷ 請依據蘇西的權限額度來訂定你的請款單金額

詢問蘇西她的核准權限以及額度，並且讓你的請款金額保持在**這個額度以內**。一般來說，對於較小額的請款單，大約在 5 千美元以下的金額，蘇西都會擁有核准的權限。若是接到超過她權限額度的請款單，蘇西在簽寫支票以前，將會需要她的老闆，或是她的老闆的老闆來批閱並蓋章核准。為什麼呢？這對客戶來說是良好的風險管理，以確保沒有任何舞弊行為，並且能夠確保他們的現金流。對你來說，問題則在於，當你的大額請款單需要被遞交給管理階層以取得所需要的核准章時，這個流程會變得非常緩慢。請款單的金額越大，在核准付款之前，會需要取得越多的批閱核准章，而收到付款的時間也因此會被拖得更久。

在經濟景氣停滯的時候，你將可以看到越來越嚴格的付款規定，以及越來越低的核准額度。這是因為你的客戶，就像所有人一樣，正在努力控管風險。如果蘇西在景氣非常好時的核准權限是 5 千美元，當銷售業績下滑而現金吃緊的時候，她的核准權限可能會降到先前的一半。這是非常正常的——你只需要了解該如何預測及管理好這樣的情形。如果你之前都是送出每張 5 千美元的請款單，而你尚未收到付款的總金額很高，那你可能需要開始以更頻繁的方式遞送每張 2,500 美元的請款單。若是客戶下了一張很大的訂單，請交錯使用不同的速度來送貨，好讓你可以用不同速度遞送一張張的請款單。而後，萬一客戶有付款上的困難，你也不會因此損失掉整筆訂單的總價值。（若是我在 15 年前願意聽從這個建議，我將可以賺到許多倍的錢。）

∷ 請依據蘇西的付款週期來訂你的帳款週期

詢問蘇西在客戶端的付款週期是什麼模式，並且**根據她的付款週期來遞**

送你的請款單。大多數公司都是在每兩週，或是一個月當中的特定某日付款。將這些日期寫在你的月曆，或是知會記帳員或會計，好讓你得以在每個支付支票的日子之前送出請款單。每一季都應該確定一次這個週期沒有更改。如果你晚於這些支付日期好幾天才遞送請款單，就得等到下一個支付週期才能拿到付款。等待付款的過程永遠都很花錢且會壓縮現金流。

管理你的現金流出

在前一課，我強調了嚴格控管公司開銷以節約你的公司命脈，是多麼重要的一件事，同時我也提醒你該避免哪些會讓你白白耗損現金的圈套。在這裡，我希望再多告訴你兩個將你的現金流出最小化的策略。

控制你的外包費用

大部分公司都會將各項服務外包給個人或其他公司，線上行銷就是一個很普遍的例子。不幸的是，許多人都打包票保證能提升網站或部落格的造訪流量，但在你花了大錢後卻得到非常少的成效。你該如何保護公司？答案就是分散風險。雇用那種願意用成效來衡量付費金額的外包資源，而非那些只願採取固定費用基礎的人。這將鼓勵你所聘用的 SEO 達人，改成做為你的合作夥伴的身分來工作，並且與你同樣願意投注心力以追求成功。將付款模式的結構設定成一旦網站流量達到大幅提升，則你的 SEO 達人將會得到比固定費用基礎來得**更高額**的報酬。如此一來，你可以分散掉對方績效不佳的風險，同時節省現金支出。而如果你的公司網站因此而成功，你也會非常樂意提供給隊友他應得的報酬。而如果不成功，你也不至於落得除了手中的帳單一無所有的慘況。

另外一個可以節省現金的方法是，限制你的外包廠商在一件專案上所投注

的時間。我曾經與一位網路寫手調協，請她在為我的「小公司的大幫手」網站寫推文時，不要花超過兩個小時的時間。這樣一來，我就可以為每一篇文章支付固定的費用。如果她實際上能在更短時間內完成有創意的佳作，則這種付費方式也能夠提高她每小時的費率。

向供應商爭取折扣

如果你所經營的公司總是能準時付款，而且支票從不跳票，你就握有了與供應商談判的籌碼。就算對供應商而言你的公司或許只是個小客戶，但擁有良好的付款記錄，仍然代表你可以向廠商爭取折扣，或是爭取到最終能為公司帶來比現金更棒的附加價值。

請再確認一次你與每一家供應商的現有條約。一般來說，條約都是 30 天付費——代表在下訂單以後的 30 天內需要付款。若是你能夠在 10 天內付款，請向供應商要求 5% 的貨到付款，或是現金付款的折扣。若是廠商拒絕，請不要就為何要給你折扣這一點爭論；請和廠商辯論該給你多大的折扣！若是你向每一家供應商都提出這種要求，最後一定會對你所省下的總金額大為驚訝。第一件該做的事，就是做好功課。請確認該供應商的競爭對手是否有提供預先付款的優惠折扣。請掌握好這類情報，好讓你可以利用實際數據來向供應商爭取。你的供應商將會因此而尊敬你，並且多給你一些優惠——特別是在市場疲軟時——但前提是你的公司必須能準時付款。

我在紐約市所認識的最成功且最被推崇的企業家之一，是一位會真正與他的供應商合作的人士，但他還是會確保供應商並沒有將他的生意視為理所當然。他會每年確認一次供應商合約、搜尋市場上更划算的選擇，接著向供應商要求折扣或是附加價值。有時候這代表當他訂了一打（12 件）貨品時，他實

際上會收到 13 件（多送一件）。其他供應商則可能會提供他免費參加貿易展的通行證，或是為他的員工提供培訓計畫。

許多供應商都擁有絕佳的人脈和知識，卻很少客戶會真正利用供應商可提供的影響力。也許可以請供應商的內部專家到你公司舉行一場對你或你的員工而言很重要的演說。像這樣建構你的智慧資產，有助於提升公司的實際價值。但倘若你從不提出這樣的要求，永遠都不會得到這些服務。

銀行費用及手續費

別讓銀行向你索討過高的費用。請去了解所有的費用和手續費是為何而付。在現在的社會裡，這些費用可能會很龐大。請調查清楚銀行的競爭對手——包含本地的小銀行——以及其費率，並且如果你的銀行費率增幅過快，請準備好在年度結算之後跳到別家銀行吧。本地的小銀行通常服務較好、費率往往一般或較低，而且比較不會對小公司拿喬。

很多公司都正在支付並不需要的金融卡或信用卡費。我曾和一位為中小企業清查信用卡交易的會計師喝過咖啡，他的工作就是為客戶找到可以降低信用卡交易費用的方法。他告訴我，如果你經營的公司願意接受金融卡消費，則你的銀行有很高的機率會為金融卡消費和信用卡消費收取同樣的交換費（interchange fee）。這並不合理，因為金融卡消費和信用卡消費截然不同。金融卡消費，好比寫支票一般，會降低銀行帳戶當中的現金餘額。另一方面，信用卡帳號會借信用額度給消費者，好讓其得以向賣家進行購買。這是一筆短期貸款，而這對於銀行而言風險較高。因此，在買方進行購買時，銀行不應該對金融卡交易收取和借貸信用額度給買方同樣的費用；金融卡使用者的現金已經在帳戶裡了。金融卡交易的交換費用永遠都應該低於信用卡交易。

　　若是你所經營的中小企業在接受付款時，金融卡和信用卡兩種都願意接受，請檢查收款銀行寄來的單據，並檢查公司被要求支付的金融卡交易費。請確保你公司並**沒有**被要求支付過高的金融卡交易費。降低這些費用也就可以增加現金！

●   ●   ●

　　我無法替你發言，但倘若我為一個客戶的專案投入許多心血，接著向對方請款時卻永遠無法得到這筆款項，會讓我的態度變得非常差。但為了盡可能避免這樣的事情發生，我為如何好好管理現金週期上了許多昂貴的經驗課。我保證，你在這一課所學到的方法，可以大幅提升你在期限以內收到完整款項的潛力。這些現金流的秘訣可能乍聽之下不是很重要——直到你聽說那些因為客戶不付款，而造成供應商不但丟了公司還賠上自己房子的慘烈故事。你的賭注非常高。而你現在是內行人了，再也沒有任何替自己脫罪的藉口。

┃第 6 課重點整理┃

- 了解你這一行對應收帳款政策的行規，並且利用這些行規做為你的標準。

- 將你公司的收帳政策寫在所有的合約及請款單上，以利溝通。

- 在簽約前就應該與所有的員工、外包人員或廠商以及供應商，溝通好收帳政策，好讓現金轉手時不至於發生任何意外。

- 請款單是有策略性的文件，請利用請款單來強調客戶所得到的價值。

- 如果一個專案需要分許多階段執行，請在初始期就要求收到預付款，並且每當達到專案的任一里程碑時，都應該立刻遞送請款單給客戶。

- 當公司提供商品或服務時，在同一天就送出請款單，別拖延。

- 要求客戶以書面通知的形式證實其已經收到請款單了。

- 請在發出請款單即將達到 30 日期限之前打電話提醒客戶，以確認何時對方會付款，以及你該如何做才能加快其付款速度。

- 請認識客戶端的出納人員，蘇西。請對她的職責報以真切的認同以及感激，她將能幫助你管理你的現金流風險。

- 了解客戶端的付款週期，並且讓己方遞送出的請款單配合對方的週期。

- 如果客戶已經對公司累積大筆帳款，為避免陷入核准所需的漫長等待，請將總金額拆成較小金額的多筆請款單，並且分多次遞送。這將讓公司較快得到付款。

- 向供應商要求提早付款以及現金付款的折扣。

- 確保你的銀行沒有索取過高的費用。

你的公司值多少？——
秘密就在資產負債表中

資產負債表就好比舊式的天平，一端是公司的「資產」，另外一端
則是「負債」加上「股東權益」，這兩端必須達到平衡。
「資產＝負債＋股東權益」，無論公司大小，此公式永遠成立。

| 你可以學到這些 |

- 資產→公司所擁有的，出現在資產負債表的左邊。

- 負債→公司為得到其資產所付出的代價，出現在資產負債表的
  右邊。

- 股東權益→資產扣除掉負債以後的餘額，出現在資產負債表的
  右邊。

在第 1 課我們介紹了你的財務儀表板上的三種儀表：損益表（車速表）、現金流量表（油量表）以及資產負債表（油壓表）。現在該是來了解資產負債表是如何顯示出公司整體財務健康狀況的時候了。

若是你不去理會你的油壓表，引擎就可能失靈，然後你的車就跑不了；若是你不去理會你的資產負債表，則公司也很可能發生同樣的問題。

如果你沒有解決資產負債表所透露的問題，繼續營運，將一步步深陷嚴重的財務泥淖中。因此，好好學一下資產負債表所衡量的東西吧。基本上，資產負債表是用來衡量公司所擁有的資產價值，以及公司所積欠的債務之間的關係。

雖然資產負債表上的絕大部分資訊，都來自損益表以及現金流量表，但也同時帶出了在另兩個財務儀表板上所沒有呈現的新元素，例如應收帳款、應付帳款，以及股東權益。在這一課中，我們將會在介紹完全貌之後，一起來了解這些名詞的定義。

資產負債表所揭露的秘密

經營了好些日子了，你已經逐漸開始感到疲乏。你所投入的時間、精力和各種犧牲，是否真的值得呢？難道說公司裡的電腦、桌椅、辦公設備和客戶名單，就代表公司的價值嗎？還是有更深入的方法可以衡量公司的價值呢？倘若可以衡量，你又該使用何種方法及工具來衡量，從公司開張到今天你做過的經營決策所累積的成效呢？

以上的問題都可以用資產負債表來回答。資產負債表與損益表和現金流量表的不同之處在於其完整度。我們在第 1 課就有談到，資產負債表代表一間

公司在特定時間點的經營狀態。這張簡潔有力的圖表，呈現了公司對於產品、定價、行銷和業務活動的決策、現金流管理及實踐、各項費用以及對於債務與投資的所有決策。圖表 7-1 是一張中小企業典型的資產負債表。

　　雖然看似複雜，但其實任何資產負債表都只包含三個部分：資產、負債，以及股東權益。

　　資產（Assets）代表公司所擁有或有權利取得的一切；而**負債**（Liabilities）代表公司在目前或未來所需要償還的債務。這兩者中間的差異數即是隨著時間而慢慢累積的**股東權益**（owner's equity，即淨值）。股東權益可以是正數或負數。若是負數，表示公司經營亮紅燈，應找出問題，立即改善。

圖表 7-1

典型的公司
資產負債表

資產		負債	
流動資產		流動負債	
現金	$$$$	應付帳款	$
存貨	$$	信貸額度	$
應收帳款	$	應付票據	$
固定資產		長期負債	
廠房及不動產，設備	$$$	不動產抵押借款	$
減：累計折舊	($)	債券	$
總資產	**$$$$$$$**	**總負債**	**$$$$$**
		股東權益	
		保留盈餘	$
		股本	$
		總負債及股東權益	**$$$$$$$**

資產負債表就好比舊式的天平，一端是公司的資產，另外一端則是負債加上股東權益，這兩端必須達到平衡。以下的簡單公式代表了資產、負債和股東權益之間的關係。無論你是通用汽車或是巷口那間雜貨店的老闆，此公式永遠成立。

資產 ＝ 負債 ＋ 股東權益

理論上，資產價值將會大於負債，也就是股東權益是正數。如果資產的成長快於債務的累積，那麼股東權益也將隨之成長，這是公司所樂見的，也是你的公司正在累積未來可以賣出之股權價值的一種估價方式。

還有一種思考資產和負債之間關係的方法——**資產是公司所擁有的；負債則是公司為得到其資產所付出的代價。**

資產 ― 負債 ＝ 股東權益

這第二種公式會讓我們得出和前一個公式一模一樣的結果，但它提供了更深入的見解。

我比較喜歡這個公式，因為你能更清楚它們的關係。當我們將公司的負債從資產中扣除，就可以更明白經營決策是否有讓股東權益增加或是減少。

股東權益是一個衍生性數字，代表我們需要經由計算來得出這個數字。在從資產總額中扣除負債總額後，即可得出股東權益。公司的資產負債表會顯示出其資產和負債，而餘數即是股東權益——但有時，很不幸的，股東權益也有可能是赤字。（假如負債的成長速度快過於資產，則股東權益就有可能是負數。這種情況就像家用油漆中不可含鉛一樣，絕對要避免發生。）

以下是我的親身經驗，用來解釋股東權益與時間的互動關係：很幸運的，在這個例子中，其股東權益是正數。在拿到碩士文憑後，我以 12 萬 5 千美元

在紐約市買下了一間公寓（是的，這的確是很久以前的事）。我付了 2 萬 5 千美元頭款，並向銀行貸款 10 萬美元。此時，我的個人資產負債表顯示出公寓是我的資產，市值 12 萬 5 千美元。在這筆資產的另一方面，我的不動產抵押顯示出 10 萬美元的負債。而我的股東權益就是這兩者結算後剩餘的 2 萬 5 千美元。10 年後，紐約房價飆升，我公寓的價值不費吹灰之力便漲到 22 萬 5 千美元。公寓的資產增值了 10 萬美元，因此股東權益也增加了 10 萬美元（圖表 7-2）。而且實際上，我的股東權益增加更多，因為在這 10 年間我已逐步償還我的負債（那筆 10 萬美元的不動產抵押）。

圖表 7-2

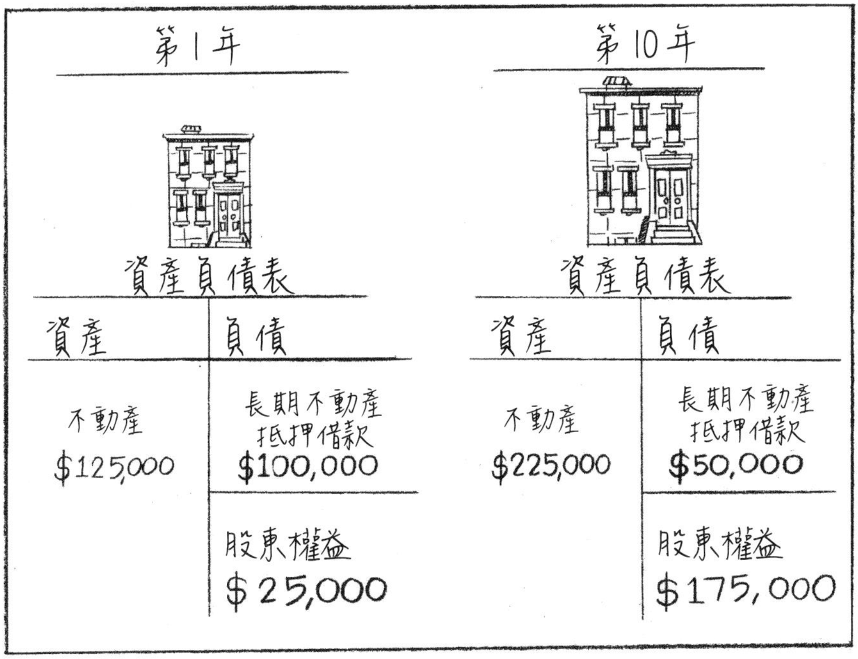

　　簡言之，企業資產負債表顯示出公司的資產及負債，就和個人版的資產負債表顯示出我們的個人資產和負債一般；它顯示出公司在其營運期間所累積的財富；最終，亦衡量出公司的淨收益。

資產負債表的三大部分

　　就如同我之前已經介紹的財務儀表板上的另外兩個儀表，我現在也將一步步帶你認識資產負債表。此報表的美妙之處在於，它可以**隨著時間的腳步**記錄下經營公司所獲致的結果。它包括了你日復一日、月復一月，在客戶關係、現金及費用管控上所累積的資產、所欠下的負債以及所堆疊的股東權益。現在就讓我們一起來探索資產負債表的每一個要素吧。

資產

　　資產（Assets）即是現金或可以轉換為現金的項目。這些項目永遠都會出現在資產負債表的左邊。

　　圖表 7-3 顯示出可能會在資產負債表上出現的資產。

　　資產會以兩種方式，也只會以這兩種方式出現：流動資產以及固定資產。

∷ 流動資產

　　流動資產（Current assets）即是得以在 12 個月之內被轉換成現金的項目，其包含了**現金**（除了存在你銀行帳戶裡頭的那些鈔票以外，也包含了貨幣市場帳戶、短期定存單以及其他的「流動性」設備）、**應收帳款**（須付給這間公司的款項）以及**存貨**（在貨架上以及在倉庫中的庫存）。你可能對「流動性」這個字眼感到些許訝異，但**流動性**（liquidity）是一個你必須了解的重要概念，它是指將一件資產出售以兌換成現金有多容易或多困難。一件資產的

流動性越高，就代表它越容易被售出。流動和固定資產之間的分別，就在於流動資產的流動性更高，且可以在 12 個月之內被轉換成現金。

　　一般來說，現金、應收帳款以及存貨，是你會在一間經營產品銷售公司的資產負債表中的流動資產欄位下的三個典型項目。但在一間經營服務業的公司，你將不會看到存貨這個項目，因為你所販售的是時間和專業。

圖表 7-3

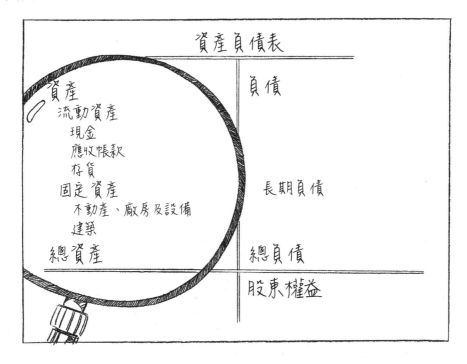

　　現金：在任何一張資產負債表上的流動資產欄位中，現金都會是出現在第一行的項目。我們都熱愛現金，現金水位是越高越好；有些會計師可能不以為然，但和現金太多相比，現金太少更容易帶來問題，所以我還是堅持這個看法。

資產負債表上的現金數目是來自現金流量表。這個指標代表倘若一間公司在沒有外部現金來源的情況下，還能夠支付其開銷多久的時間。同時，這也代表著一間公司採取各種收款行動以將營收轉換成現金，以及公司控管費用以節約現金的成果好壞。你已經在第 3、4、5 課學到了這些觀念，正所謂條條大路通現金。現在你應該已經理解，如果一間公司持續銷售產品及服務，卻無法收到其請款單的種種款項，那麼現金將會枯竭，直到公司邁向破產。

應收帳款（Accounts Receivable）：你可能會聽到「應收帳款」以及「應收款項」或「應收貨款」，這都代表同一個流動性現金項目。若是單獨提到「應收帳款」（receivables），你的會計師應該是指公司所擁有的**所有**應收帳款。如果他所提到的是其中某筆應收款項（a receivable），則很有可能指的是某個因為一筆特定的請款單而未付款的特定客戶或機構。

當一間公司做成一筆交易，並已送達貨品或完成一項服務，除非客戶即刻付款，否則該筆營收將成為一筆應收帳款。這是什麼意思呢？這就代表當達成一筆交易時，公司會開出一張請款單。你當然希望公司能認列這一筆收入，而資產負債表是唯一會顯示出這筆應收帳款的報表；這表示客戶應該要履行約定，並且支付公司一筆款項。

這筆應收帳款被歸為公司的流動資產，因為一旦公司遞送出請款單而應收的款項被付清後，這筆款項就可以立刻被轉換成現金。而因為所有的應收帳款都應該在 12 個月之內付清，所以全部的應收帳款都會被認列為流動資產。以下是背後的原理：當公司送出一筆訂單的貨品，這筆訂單在損益表上會被認列為營收，並且在資產負債表的流動資產欄位被認列為應收帳款。當請款單上的金額終於被清償時，應收帳款將會因此而降低，而資產負債表上的現金部位將會增加。位於資產負債表左側的總資產並不會有變化，因為這些錢只是換了個

項目欄位，而資產負債表將會顯示出這個轉移過程。

　　現金流量表也同時會顯示出這筆現金流入，但請牢記，現金流量表只會顯示出現金交易，因此從表上沒辦法看出客戶尚未付清的款項。（請保持關注，因為在第9課你將讀到這三個報表該如何一起應用，以幫助你做出好的商務決策。）

　　只有資產負債表能記錄公司的應收帳款。因為這些應收帳款需要被謹慎的控管，以確保公司在時間內收到完整的款項，所以有一個報表在好好替你留意應收帳款的動向，著實是件好事。還記得上一課所提到的出納員蘇西嗎？你的應收帳款就是她的應付帳款。

　　在客戶進行購買後，可能要經過好幾個禮拜以後才會付帳。在這兩件事情中間，有許多環節可能會出錯。因此，了解應收帳款的數目、有哪些款項已被擱置許久，並且仔細控管這些款項，是為公司維持良好現金部位其中的一個關鍵。也因為這樣，我們才在前一課花了許多時間討論管理請款單的各種具體做法。

　　雖然票據較不常見，但公司所收到應在12個月之內被償付的「應收票據」也可以被歸類為流動資產。

　　存貨：理論上，存貨是可以在12個月以內被轉換成現金，所以也被歸類為流動資產。存貨的價值被設定在製造出成品所需要的直接材料和直接人力，簡而言之，存貨的價值被鎖定為銷貨成本（COGS）。

　　管理存貨可能有點棘手。首先，你必須了解的是，**存貨也就是被堆放在倉庫貨架上的一大疊現金**。如果沒有那些存貨，那你會得到什麼？你將擁有現金。

　　存貨管理需要良好的平衡。如果公司的庫存量太少，可能會無法滿足所有客戶對產品的需求，因為它將難以出貨，也因此無法向客戶送出請款單並得到付

款。營收、毛利，以及現金持有量也都會因此受到衝擊。當存貨數量過低時，因為沒有足夠的貨品可供立即銷售，現金就可能缺乏後援。這是一個**供應問題**。

　　庫存量過高也有可能造成嚴重的現金問題，尤其如果賣的是季節性或易腐壞的產品，存貨的保存期間通常非常短。而如果庫存量大幅高於市場對產品的需求，且已經投入太多現金來生產，卻沒有足夠的銷售量能將其轉換成營收，然後再轉換成現金──這時就發生了**需求問題**。

　　因此，在滿足客戶需求的同時，維持最低程度的庫存量才會如此重要。一旦公司需要丟棄腐敗或是因過季而大幅折價的存貨，其製作成本已經付出了。

　　而說到底，這兩種不平衡的狀況，都是不正確的預測所造成的結果。雖然誰也沒辦法真的精準預測到實際的需求量，但以下有一些可以幫助你管理存貨的建議，僅供參考。

　　有效率的存貨管理，應該盡可能的讓存貨的時效性以及數量搭配實際的需求。你應該盡可能壓縮商品的製造與銷售之間的時間差。達到這樣結果的唯一可能性，不是靠水晶球占卜，是盡你一切的努力來降低建立存貨所需要的時間。

　　根據客戶實際表達出對一項產品有興趣的真實需求，也就是「**實際需求**」來建立存貨，比起用你所期望發生的需求，也就是「**預期需求**」來建立存貨，前者絕對是比較簡單且風險較低的作法。「反應度」──也就是壓縮建立存貨所需要的時間──是達成此目標的唯一方法。一般來說，能依照需求來生產存貨的公司利潤都非常豐厚。

　　一旦客戶實際反應出他們的購買需求以及所需要的數量，你就該即刻啟動生產存貨的機制了。如果生產存貨所需要的時間越短，則你在任何時間點對現有存貨的需求也會越少。現有存貨越少，則現金的運用就可以更有效率。少量

多次的生產模式，將會讓你擁有更好的現金流，而存貨過多或過少的問題也會相對減少。更好的現金流狀況，將會比你所能從**規模經濟**（以較低廉的價格大量採購原物料、增加訂單數量以利向供應商爭取商品折扣等等）中所取得的任何成本節省的效益都更為重要。

如果你必須在讓存貨太多或太少的錯誤中二者擇一，我個人是寧願承擔存貨過少的錯誤，尤其是在經濟疲軟的時候。現金應該被視為有限、珍貴的資源，並且妥善管理。現金不是王道，卻是至高無上的存在，別將其視為理所當然。如果你所賣的產品可以被秒殺，當然是件好事。雖然因為存貨短缺而損失一些業務量可能令你扼腕痛苦，但仍然比花錢買進過多存貨卻賣不出去要好上太多。

你要不惜一切代價去避免的事，就是**退貨**！借用黑手黨教父柯里昂老大的說法，退貨就是「il bacio della morte」──死亡之吻。

當一件產品必須被退貨時，公司就輸定了。將產品包裝好並送回公司需要花錢；再次把這件產品送回倉庫也要花錢；為產品投保；還要在年底盤點庫存也都要花錢。更何況，這個產品還可能在這些流程的任何一個階段遭受損壞。而且，就好像我們人一樣，庫存放得越久，就會感覺價值越低。簡而言之，退貨是件棘手的事。

建立大量存貨的另外一個需要注意的事是，要事先知道哪些產品將會熱賣，是非常困難的。我們自以為有把握，但事實上，客戶的反應永遠會出乎你的意料。

我的閃亮亮公司賣的產品是使用網版印刷圖案的T恤。其中有兩種圖案，一種是蝴蝶，另外一種是野餐圖案；我認為野餐的會比較好賣，結果我完全錯了，蝴蝶圖案的人氣大幅超越野餐圖案，誰想得到呢？但是，我其實可以（應

該要這麼做的！）向我的朋友圈做做市調，或甚至在地鐵站的出入口隨機訪問路人。比起自以為是，任何一種方式都比我自己瞎猜要來得聰明許多。

矮黑猩猩公司（Bonobos Company），一家賣男性休閒訂製褲的公司，發展出一種絕佳方法，能讓公司在擁有足夠銷售的庫存，以及庫存多到損害現金部位之間取得平衡。在這間公司的消費體驗與一般的百貨公司截然不同。

首先，該公司會為每一款產品的每一個尺寸提供一件樣品。客人經過預約，就可以在一間優雅舒適的試衣間試穿各式樣品，並得到個人化的服務。接著，客戶在下訂單之後（現場刷卡付費），矮黑猩猩公司才開始生產，並且直接將商品送到客戶手上。在下訂單之後，客人通常需要等上好幾個星期，因為公司會在集合多筆訂單之後才要求工廠開始生產。

這個銷售系統的妙處在於，現金不會被亂花在賣不出去的庫存上。矮黑猩猩最大的存貨就是製造那些提供客人試穿的樣品。以每一件的單價而言，它們的確造價昂貴，但假如這間公司試圖猜測每種款式和尺寸的需求量，並且直接建立起庫存，結果發現預測錯誤，導致其必須自行消化那些沒有人想買的存貨，那代價可能反而貴上好幾倍。當這些帥氣的褲子的需求量逐漸增加，存貨管理的方式也很有可能隨之調整，公司將願意為預期的需求冒大一點的風險來建立存貨。在公司的初期，當現金還很吃緊時，這種「有需求再生產」的存貨管理流程是非常合理的，而且也是絕佳的風險管理。

關於存貨管理，有哪些事是很重要、必須牢記在心的呢？

- 如果可能，先用樣品來測試市場需求，以了解哪些產品將會熱銷。
- 如果可能，除非公司手上已經拿到訂單，否則先不要把現金花在建立大量庫存。

- 試著為建立存貨這件事，尋找能夠快速周轉的策略合作夥伴。

- 除非你擁有對客戶需求的即時資訊，並且與供應商的關係非常密切，否則你永遠無法完全掌握正確的存貨預測。

- 經驗法則告訴我們，與其持有過多存貨，寧可犯下存貨過少的錯誤。

- 如果你必須決定，是否該為每件產品付出更高的銷貨成本，以降低建立存貨所需要的週期時間，那麼，請選擇較高的銷貨成本與較短的產製時間。你將接受少量多次下訂，並且因此能夠更快的將存貨兌換成現金。請再重讀這一重點──雖然這並不複雜（接受少量多次的訂單），但這對於管理你的存貨卻是**非常、非常的重要**。

　　以下是用來說明上述最後一點的例證。理論上，若是建立存貨所需要的時間能夠從 6 個星期降為 1 個星期，公司就只需要以往所需庫存的 1/6 的量，原因在於生產線更有效率。這表示公司花在庫存的現金總額也會大幅下降。當庫存被賣出時，如果生產線很有效率，供應商將能夠迅速補貨；這讓現金的運用也更有效率。這也表示供應商將能夠生產更多最受歡迎的產品，使得滯銷品的庫存以及退貨的風險也跟著降低。單位成本會因此而增加嗎？是的，但只要新的產品銷貨成本還有辦法確保至少 30% 的毛利，那麼付出較高的單位成本也是可以接受的。實際上，你是為了你所省下的時間而付出較高的成本，我相信這是值得的，而且我願意與任何一位持相反意見的會計師正面辯論。

　　我為何要花這麼多時間討論存貨管理呢？因為實在有太多中小企業經營者都在這方面大錯特錯。如果因為存貨過高而導致公司現金不足，就可能導致公司倒閉。

　　相較於製造業，經營服務業的公司並沒有存貨管理的問題。服務業所要管

理的「存貨」是時間。就如同我們在第 3 課討論過的，其限制在於一天只有 24 小時。

固定資產（Fixed Assets）：無法在 12 個月內輕易被換成現金的資產——例如不動產、土地、設備、電腦以及家具等——都被歸入固定資產的項目。這個項目通常被稱之為「不動產、廠房及設備」或者是簡稱為「PPE」（property, plant, and equipment）。廠房和設備遲早需要替換，因此它們的價值每年都會折舊，而在損益表上，這筆折舊費用將會以年度的方式計算。但從買進該資產那一年開始計算的累計費用，將會出現在資產負債表上。（損益表僅會顯示出該年份的折舊費用，但資產負債表卻會顯示出從購買廠房和設備開始所產生的歷年累計費用。）

以下是一些有關固定資產的特性，請務必牢記。就因為一項資產——例如一棟不動產——的價值有可能發生**波動**，但並不代表這項資產就毫無價值。認列在資產負債表上的資產價值，有可能因為許多因素而波動。這些因素包含科技的升級、對於不動產所在地的供給及需求的改變，以及利率的變動和折舊率的改變。你的會計師一定會知道如何妥當認列資產的價值以及折舊費用。（每一家公司都是獨一無二的，因此我不會在此嘗試解釋所有可能發生的狀況。）

重要的是，你應該要了解流動及固定資產當中的差異，就在於能否在 12 個月內將資產賣出以兌現。固定資產所需要的出售及兌現時間較長。

固定資產也通常是擁有較高現金價值，卻不易轉換成現金（12 個月是一個判斷點）的大型採購。除了不動產（限土地，不包括地上的建物）以外，大多數的固定資產都是可以折舊的。資產負債表上的固定資產價值，會反應出它當初的購買價格，扣除掉購買至今所累計的折舊總額（你的會計師會把它算出來）。（我們在第 2 及第 5 課已經談過一些折舊觀念的細節。）換言之，你

將在資產負債表上看到一棟不動產或是一件設備的資產淨值，而這個數目將會等於其購入價格扣除累計至今的折舊費用。

我們目前已談完了資產負債表的資產部分，其代表公司所擁有的一切。

所有的「陰」都有其對應的「陽」，我們現在該來看看資產負債表上的負債部分。

負債

負債（Liabilities），即公司所積欠的所有東西，將出現在資產負債表的右邊。這些代表公司所承擔的義務，並且就像資產被細分為流動資產和固定資產，負債也同樣被分成流動負債及長期負債。圖表 7-4 顯示出在資產負債表上有可能出現的大多數負債項目。

流動負債（Current Liabilities）：一間公司在 12 個月之內需要清償的債權義務稱為**流動負債**。其包含應付帳款、應付票據以及應付未償信貸。我們將個別談到這些項目。

應付帳款（Accounts Payable）：供應商為其已交付的貨品或已提供的服務所遞交的請款單，即稱為**應付帳款**。如果公司都能按時付清其應付帳款，那麼當公司需要向供應商要求某些好處或幫忙時，供應商也會比較樂意。就像我在第 5 課討論現金管理時提到過，好好掌握住應付帳款是很重要的，因為對公司而言，這些債權義務是真實存在的。

管理好現金很重要，因為應付帳款需要使用現金來支付。當你為尚未付款的帳單簽下支票時，在你資產負債表的負債金額，以及流動資產的現金部位，就會減少相同的金額。資產負債表將會記錄這一切。現金流量表也會記錄現金的流出，但只有資產負債表會顯示出這完整的過程。好消息是，雖然現金（流

圖表 7-4

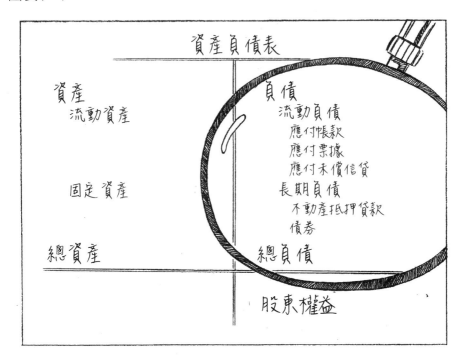

資產負債表

資產
　流動資產

固定資產

總資產

負債
　流動負債
　　應付帳款
　　應付票據
　　應付未償信貸
　長期負債
　　不動產抵押貸款
　　債券

總負債

股東權益

動資產之一）會下降，卻是隨著流動負債一起下降的。因此股東權益，也就是公司的淨值，並沒有產生任何變化。你很快就會了解其中邏輯。

　　有位非常成功的創業家說過一個有關自己早期創業的故事。當時他與創業夥伴會特地開車到別的州，從那裡將支票寄給他們的供應商，因為他們知道這樣支票就會多花一到兩天才會送到供應商的地址。

　　此舉讓公司得以在支票兌現前，多爭取一到兩天的營運時間，可見他們創業初期的現金部位多麼吃緊。大多數公司都會在某個時間點，遭遇必須付清其所有帳單的困境。這是生意週期的一部分。

應付票據（Notes Payable）：為了因應現金短缺或為生產商品而向投資人、供應商或是銀行所借貸的短期債務，稱為**應付票據**。這些借款項目是短期，而非長期，也就是通常應在 12 個月之內償還。

應付未償信貸（Credit Lines Payable）：若是你曾持有信用卡，應該大致上了解信貸額度的使用方式。信貸額度基本上就和信用卡的信貸方式一樣，只是沒有那張塑膠卡片。應付未償信貸也是一種短期債務；銀行和供應商會提供信貸額度給信用良好的公司，而普遍來說，此額度是可以循環的。公司可以選擇使用部分或全部額度，而當公司付款時，公司將得以再次使用已清償的額度。如果你擁有銀行帳號並且信用優良，你也可以申請**透支保障**（overdraft protection），這是一種當你的帳戶餘額不足時，銀行會先注入一筆資金讓你得以支應到期支票的短期債務。銀行將會願意接受你的支票，讓你無需面對跳票的窘境及費用，但銀行將會收取該月份的信貸利率。同時，銀行也會期待透支額度在當月份內被繳清。對公司而言，透支額度在付清之前都會是一項負債或義務。若沒有按時付清，銀行將會立即停止提供透支保障。

信用卡也同樣提供循環信用額度。使用公司名義的信用卡所支付的差旅以及雜費，將會出現在每月的月結單金額。我的建議是，請在繳款截止前，**全額**付清每個月的繳費單金額。信用卡的利息費用可以累積變成天文數字，因此雖然信用卡使用很方便，但若沒有妥善管理，它們也能讓你的公司沉船。

難以置信嗎？敬請看看以下這個例子。

我定期為中小企業主和經理人舉辦名為「給數字恐懼者的財會課」講座，報名參加的與會者可以和我一對一會面，一起討論該公司的損益表及現金流量表。

當我看到其中一位與會者公司的損益表時，我幾乎停止了呼吸。其中一行

項目特別顯眼——他在一年之內付了 5 萬美元的利息費用，而該公司的年營收只有 20 萬美元，因此，對這家小公司而言，唯一讓利息費用如此驚人的可能性便是，該經營者是在以信用卡來為公司融資。只有信用卡公司才可能收取兩位數的利息費率，而其累積的速度真的快得嚇人。

猜猜看，這位經營者的五張不同的信用卡，總共累積了多少信用額度？你能相信他的公司欠了 40 萬美元嗎？不，我沒在開玩笑。為自己挖了一個如此深而驚人的財務大洞，也是需要許多年才辦得到的。

這位小公司老闆的核心問題有兩層。第一層問題在於，他的毛利只有 15%，而非我們所建議的 30%。這實在太低，因此當他賣得越多，就需要越多的信用額度來支付「公司所帶進的現金流入」及「生產並支付費用所需要的金額」當中的差額。簡單來說，當他賣得越多，財務黑洞也就越深。

第二層問題在於，如果他有全額支付每個月的信用卡帳單的話，就應該了解哪裡出了問題並尋求幫助。如果你只付得出每個月的最低繳款額度，那麼你將永遠無法靠自己爬出財務黑洞。永遠不可能！信用卡的最低繳款額度根本無法支付所積欠的利息，更別提償還貸款本金了。若一家公司無力償還每個月的卡債，就表示該公司也付不出他的採購費用。這是一個很困難的選擇，它同時也會讓公司無法重新振作起來。

我並不知道這位老闆的會計師是誰，但試想，竟然會有合格會計師放任這種自殘式的信貸額度長達 9 年的時間，卻仍然保持沉默不加以阻止，以致情況惡化到如今的境地。是的，該公司後來只得宣告破產。

心臟不夠強的人不應該動用信用額度。只能極保守地使用額度，而且是當你知道現金即將流入公司時，才能在短期內使用。如果公司的現金流出以及現金流入的時間有嚴重落差，而公司需要拉長時間，那麼就應該審慎考慮申請銀

行的信用額度，而非使用信用卡的額度。

　　銀行信用貸款的利率，會遠遠低於信用卡的利率。但信用卡是否更方便呢？是的。申請銀行貸款是否更費心力？這是當然的。但是在一開始所多付出的這些心力，將能夠讓公司省下許多現金。若是使用得宜，甚至能夠讓公司在不犧牲財務基礎的情況下穩健成長。在第 8 課，我將帶你從專業的角度來了解該如何管理銀行關係，好讓申請信用貸款的過程不會那麼煎熬。同時，你也會學到該如何避免犯下其他的中小企業經營者在申請信用貸款時所犯下的錯誤。

　　關於流動負債，我再談談最後一點：如果公司有雇用全職或兼職員工，則公司的資產負債表上也應該會出現一行額外的項目，叫作**應付薪資**（salaries payable）。其代表員工已經賺到、但公司尚未支付的薪資。你只需要了解其意涵，以便在資產負債表上看到時，你能夠了解這項債務的內容。

:: 長期負債

　　不動產抵押貸款和公司債都被歸為長期負債（Long-Term Liabilities）。

　　一般而言，**不動產抵押貸款**（mortgage）是一種歷經數十年，連同高額利息一併償還的長期負債。當公司每月繳貸款時，所付的款項通常包含貸款的利息以及借貸的本金，而資產負債表上的「未清償抵押借款」則會隨之降低。（積欠的本金即是一開始貸入的金額，扣除任何已經償還的本金。）換言之，當負債以小額月復一月的慢慢清償時，尚未償還的債務也會隨之減少。房屋的權益，也就是擁有權，也隨之上升。當公司積欠銀行的房貸逐漸降低，代表公司對該房屋的權益也漸漸提升。你可以把它想成個人或家庭的購屋貸款（好比我在曼哈頓的公寓），就更容易理解這個概念。以資產負債表的角度來看，這

可能看似複雜，但其實道理是一樣簡單的。在支付房貸時，你的現金會下降，長期負債也會因為公司的房貸減少而下降；而在資產負債表的另外一端，你的固定資產價值會上升，因為你對這筆房屋的權益已經上升。而這是你所樂見的。

如果房屋以高於房貸餘額的價格賣出，則公司得以拿買方所付的錢來清償尚未繳清的房貸。如果你夠幸運，在清償之後可能還會有一些剩餘資金。

債券是一種正式明列貸方與借方之間貸款行為的債務工具。每一張債券都會呈現所借出的金額，以及該貸款的付款條件。對貸方而言，債券是一筆資產（應收款項），而對借方而言則是一筆負債（應付款項）。債券通常屬於長期的債務工具，並且往往會附帶抵押品當作擔保，以避免借方未能償還債務。中小企業的資產負債表非常少出現「應付公司債」這一項目，但若是你在哪天見到時，務必要能了解其意義。

股東權益

這個數字永遠都會出現在資產負債表的右邊，雖然**股東權益**（Owner's Equity; Shareholder's Equity）出現在負債這一側，但它並不是一種負債。它單純只是資產扣除掉負債以後的餘額（將公司所擁有的減掉其所欠的之後的餘額）。這個部分包含股本以及保留盈餘（這個數字代表累計淨利減掉任何的盈餘分配）。

:: 股本

當公司擁有人將資金投入公司時（尤其在公司剛要創辦時通常如此），其資金會以**股本**（Equity Investment）的項目出現在股東權益的欄位。在這一欄，你會看到你所努力存下（以及向父母借來）的 3 萬美元創業資本，以及

來自你另一半掏出的 5 千美元。這些現金的結合也會增加資產負債表中的流動資產欄位。當現金增加，在一開始時，股東權益也會隨之上升，好讓表兩邊的數字保持平衡。圖表 7-5 顯示出資產負債表中的股東權益欄位。

圖表 7-5

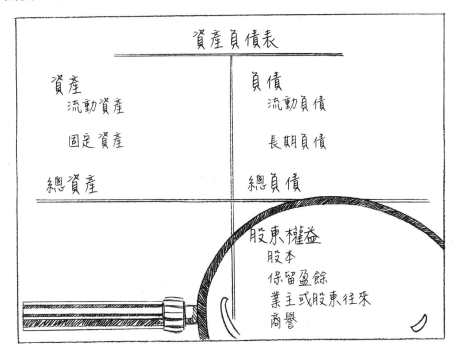

:: 保留盈餘

如果你把公司成立至今所賺的所有淨利加總起來，然後扣除任何已支付的股利或是業主及股東往來（請參見下一段），你所得到的數目就是**保留盈餘**（Retained Earnings）。保留盈餘是累積數目，而且只會出現在資產負債表的右側，在股東權益的欄位當中。只有在累積淨利是正數的情況下，才會認列

在保留盈餘。現在你知道如何隨著時間推進來檢視你的損益表，以判斷出是否有保留盈餘的可能性了。

別太費心在保留盈餘這項目，你只需了解其意義，以及它會出現在資產負債表上的什麼地方。

:: 業主及股東往來

這是股東權益欄位中有可能出現的另一種項目。以獨資或合資方式成立公司的業主，可以合法的以公司的資金付款給自己；其資金將不會被歸類為薪資，而是**業主往來**或**股東往來**（Owner's Draw or Investor's Draw）。業主將會把這些資金申報為個人收入並且繳稅，因此他們得以自由拿取想要的數目。如果公司並沒有可預期的穩定營收，與其讓公司支付其每個月的固定薪酬，出現在損益表的「營業費用」（SG&A; Sales, General, and Administrative）的欄位[1]；業主也有可能選擇從資產負債表中認列為業主往來。

:: 商譽[2]

有時候你會在資產負債表的股東權益欄位中看到「商譽」（Good Will）這個項目。**商譽**代表的是公司品牌的經濟價值。如果一家公司成功打造出一個世界級的知名品牌，其品牌效益極具吸引力，人們會為了該品牌而去購買其產品，就好像蘋果電腦一般，那你便擁有了品牌權益。成功在美國推行了商業銀行（Commerce Bank），以及在英國推行大都會銀行（Metro Bank）的天

---

1. 根據我國公司法第15條，這項公司與股東間債權債務關係之會計項目，若出現貸方餘額時，表示股東借給公司資金，該科目列於流動負債項下，若出現借方餘額時，表示公司將資金貸與股東。在公司入帳時，並無通知此一會計事項相對人之義務。至於摘要記載資金用途及目的則係公司管理控制之用。

2. 台灣商譽則放在資產欄位，而非股東權益。

才弗農・希爾（Vernon Hill）曾說，當公司和其客戶得以合而為一，你就擁有了一個感性的品牌。感性品牌擁有瘋狂的粉絲群，並擁有經濟價值。

身為一位中小企業的經營者，你大概還沒有太多的品牌權益。別擔心：你只需知道其意義，好在看到這個項目時（大都被列在股票上市公司的資產負債表中），能夠明白其意涵。

● ● ●

資產負債表能夠透露出許多損益表以及現金流量表所無法呈現的訊息，諸如應收帳款、流動以及固定資產、應付帳款、長期負債以及股東權益。對於記錄從公司成立以來的累積績效也非常有用。相較之下，損益表和現金流量表通常只能顯示出當月或年度的總體狀況。

資產負債表可以讓人輕鬆看出資產總額以及負債總額，辨識流動資產以及流動負債之間的關係，以及了解公司能否在往後 12 個月內支付立即的現金需求。當然現金流量表也可以達到這個目的，但資產負債表所提供的資訊會更加全面而宏觀。

現在，你已經了解你所經營的公司的價值，不僅僅只有桌椅的殘值，這是否讓你感覺舒坦一些？為公司的價值增加實際權益，好讓你在日後能夠（希望）以高價賣給其他樂見公司成長的冒險家，是的確有可能做到的。請記住，如果你公司的資產負債表夠穩健，且股東權益持續成長，那麼這整家公司也是有可能被視為一項資產。任何一位債權人或投資者，都會被這樣的資產負債表所吸引，這就好比是一本暢銷書。在第 8 課時，我們會潛入銀行的內部，看看銀行是怎麼想的，以及他們是如何看待你的資產負債表。大多數中小企業經營者都不知道如何改善他們與銀行的關係，在讀完這本書以後，你就不會再是其中一員。

| 第7課重點整理 |

- 資產負債表可以在一瞬間掌握公司開業以來的累積成效，是一個很有效率的觀察公司如何藉由營運來建立其淨值成果的方式。

- 你可以利用以下任一公式來判定公司的淨值：

  資產＝負債＋股東權益

  資產－負債＝股東權益

- 資產負債表的左邊顯示出流動資產——即現金、應收帳款、存貨，以及固定資產——即土地、不動產、設備、家具和電腦。

- 資產總額是由所有的流動資產和固定資產的金額相加後所得出的總數。

- 資產負債表的右邊列出流動負債——即應付帳款、應付票據、應付未償信貸與應付薪資，以及長期負債——即付款期限大於 12 個月的房屋貸款等債務。

- 負債總額是將所有的流動負債以及長期負債的金額相加後得出的總數。

- 股東權益（淨值）包含了業主投入公司的資金，以及保留盈餘（被再度投資於公司的累積淨利），並且須扣除任何的業主或股東往來。

發揮資產負債表
的魅力——
如何贏得友誼
並影響你的銀行

把銀行當你的合夥人。當一家公司申請信用額度或長期貸款時，銀行第一個看的就是資產負債表。這一課要幫你把資產負債表變得更穩健：改善毛利和現金流，得以輕鬆支應負債。銀行會更願意借錢給你。

| 你可以學到這些 |

- 了解銀行如何觀察和判斷你公司的關鍵比率。

- 把你的資產負債表變健康。

- 破除和銀行打交道的八大迷思。

在這本書當中，我不斷的想傳遞給你有關該如何建立起一家得以「繼續經營」的公司的觀念。**繼續經營**（going concern）是一個會計用語，是會計師和銀行用來描述一間經營得當、有獲利的公司，並且在可預見的未來並沒有破產的疑慮。一間能夠繼續經營的公司是可以自給自足的，擁有可預期的營收流量、合理的費用支出，以及足夠支付其各項帳單的現金。每一位中小企業的業主或是經理人的最終目標，都應該是打造出這樣的公司。

為了幫助你打造出一間能夠繼續經營的公司，首先我需要帶著你了解你的財務儀表板——也就是你的損益表、現金流量表以及資產負債表——的結構模組，好讓你能夠理解你所經營的公司，在目前抑或是未來，是否有可能成為一間能夠繼續經營的公司。

資產負債表能夠提供精準深入的見解。在這一課，我將說明當你採取前幾課的建議並應用在你所經營的公司時，會發生什麼事。同時，我也會介紹一些銀行用來觀察和判斷你公司的關鍵比率指標，比如看你的債務等級是否有被妥善控管，抑或負債已進入危險區域，需要立即動手處理。

資產負債表最酷的地方是，其認列了從公司開始經營的第一天，到此時此刻所採取的**所有**經營活動的結果，這也是銀行之所以極度熱愛資產負債表的原因，而且當一家公司申請信用額度或長期貸款時，銀行第一個看的就是這個報表。而本課所要討論的重點就是：該如何向銀行取得公司貸款。

現在開始，你將學習如何像個銀行家一樣思考。這將會戲劇性的提升你的信用額度或長期貸款被核准的機率。

每一家中小企業都應該與銀行建立起穩固的關係，因此為了公司的成功，讓你的銀行理專成為策略夥伴是很重要的——你不必費盡心思讓他成為你最好的朋友，但拉攏他成為盟友絕對有必要。無論你是否相信，你的理專都站在

你這一邊！

為了得到銀行方面的想法，我訪問了一些非常資深的銀行家，而你在這一課將會得到他們的行內觀點。

資產負債表透露了什麼

我已經在第 7 課介紹了資產負債表，現在我們將再次複習。這一回我們將會更深入的挖掘資產負債表上的數字的含義。為達此目的，我們先一起來檢視 XYZ 公司的狀況（請見圖表 8-1）。如同你已經知道的，資產負債表只有三個主要部分：資產（流動及固定）、負債（流動及長期），以及股東權益（或業主權益）。為了讓你清楚了解這三個部分之間的關係，我們為每一部分都加入了數值。

圖表 8-1

XYZ公司
資產負債表

資產		負債	
流動資產		流動負債	
現金	$110,000	應付帳款	$9,000
存貨	$5,000	應付未償信貸	$1,000
應收帳款	$5,000		
固定資產		長期負債	
不動產、廠房及設備	$100,000	不動產抵押貸款	$50,000
減：累計折舊	($20,000)		
總資產	**$200,000**	**總負債**	**$60,000**
		股東權益	
		保留盈餘	$60.000
		股本	$80,000
		總負債及股東權益	**$200,000**

　　首先，檢視一下流動資產，特別是公司的現金部位。其金額占了資產總額的一半。XYZ 的現金部位非常龐大（11 萬美元）。這些現金立即可以被用來清繳帳單或使公司成長，因為現金是公司所擁有的資產中流動性最高的。但光是檢視現金部位，還沒辦法告訴我們需要知道的、有關 XYZ 的經營體質等相關資訊。我們希望知道，如果有必要時，公司目前所有流動資產的總金額，是否足以支付所有的流動負債。

　　將現金的 11 萬美元加上 1 萬美元的存貨以及應收帳款，所得出流動資產的總額為 12 萬美元。這代表現金以及可以在 12 個月內轉換成現金的資產。

　　現在我們再來檢視流動負債，這代表公司必須在 12 個月內清償的債務。在此又分為兩種債務：應付帳款以及應付未償信貸，總額為 1 萬美元的流動負債。每家銀行都會想了解是否 XYZ 公司擁有足夠的**營運資金**（working capital）能支付流動負債，也就是將流動資產扣除流動負債。

　　我們已算出流動資產是 12 萬美元而流動負債是 1 萬美元，因此公司有價值 11 萬美元的營運資金以維持公司營運。對公司而言，這是一個極佳水準。XYZ 公司能夠只需動用銀行帳戶中的現金來支付抵押借款以及流動負債，並且在清償後還有 5 萬美元的餘款。另一方面，存貨顯得略微不足，因此可能在不久之後，其中一部分的現金將會被用來生產以建立更多存貨。但好消息是，XYZ 公司的現金部位如此健全，應該不需要為了建立存貨而借入貸款。

　　目前看來，這間公司無法支付其費用以及清償其債務的風險非常低。我們知道這家公司的經營者並沒有貸入公司無法輕鬆償還的債務。

　　有兩個方式可以讓我們了解此公司的股東權益（即淨值）：第一種方式是將保留盈餘以及股本加總起來，得到的總額為 14 萬美元。

股東權益 ＝ 保留盈餘 ＋ 股本

股東權益 ＝ $60,000 ＋ $80,000 ＝ $140,000

第二種能夠得出這個數字的方式也同樣直接；我們可以直接將資產總額減去負債總額。不意外的，我們得到了同樣的數字：14 萬美元。

資產總額 － 負債總額 ＝ 股東權益

$200,000 － $60,000 ＝ $140,000

請留意，當你打開任何一本會計學的書時，可能會找到使用與這裡不同方式呈現的相同方程式；我們將在以下呈現（你可能還記得前一課提到的方程式）。如你所見，為了獨立出股東權益，我們從方程式的兩邊都扣除了負債總額，以得出股東權益：

資產總額 ＝ 負債總額 ＋ 股東權益

$200,000 ＝ $60,000 ＋ 股東權益

$200,000 － $60,000 ＝ $140,000

在第 7 課，當我向你介紹「資產 ＝ 負債 ＋ 股東權益」這個方程式（以及其變化版本）時，「總額」一詞是被隱含在其中的。以數學的角度而言，以上所有的方程式都是一樣的。

如何改善你的資產負債表

很遺憾的，大多數中小企業經營者的資產負債表都無法像 XYZ 公司那麼健康。現在你更充分了解資產負債表的重要性了，讓我給你一些關於如何改善

你自己公司財務報表的建議吧。

為了強化你公司的資產負債表體質，你不是得讓資產增加的速度快於債務的增加；不然就是採取比較單純的作法：在資產總額不變下，減少你的負債。以下是你在之前的章節中所學過的三個最重要的觀念，將有助於改善你的資產負債表。

將你的毛利提高到30%以上

如果你可以將你現在的毛利提升到30%或以上，公司將能夠更快達到損益平衡點，並且較不需要從銀行借現金，以便讓公司更有利潤的成長。公司從售價與銷貨成本之間賺到的差額也會較多，因此當客戶支付尚未償還的請款單時，應收帳款將得以轉換成毛利更高的現金款項。全新、更高的毛利將會帶給公司更多的現金——而資產負債表也因此更為健全。

另一方面，對於支付新購入的存貨，與其使用貸款來融資，使用公司所創造的現金將更加容易。因此，當毛利上升時，每一筆銷售的現金也都會增加。若是公司的請款以及收款過程有好好整理過，那應收帳款當中更高價值的毛利也得以更經常、更迅速的轉換成現金。

及時請款以及控管收款流程

若是你每週都確實的執行此紀律，則公司的資產負債表當中，在資產方面的現金總額將會增加。這代表公司將能夠自行創造出更多現金，也因此較不需要源自於貸款或外界投資人的資金。

至少在理論上，在銀行帳戶中的現金將得以增加，而應收帳款也會增加；在經營公司時，你對於信用額度的現金需求也會降低。而將信用額度（其被

歸類為債務的一種）降低時，股東權益將會上升。應收帳款在客戶付款時會下降，但現金將會以同樣金額上升，因此雖然流動資產維持不變，但是當債務下降時，股東權益也隨之上升。這應該是你所期望得到的結果。

在長時間內保持最低限度的費用

把公司費用降低，有助於讓公司更快達到損益平衡點，也就更快達到自給自足。你的新營收（內含 30% 以上的毛利）將得以支應公司所有的固定及變動費用——再次強調，若是客戶能按時付款，那麼你公司對於外部資金的需求應該非常低。如果公司總資產維持不變，那麼較低的費用開銷將能夠讓你的流動負債得到更好的控制，且能增加股東權益。如果在負債下降的同時，資產能夠有所增加，那公司可就上天堂了。

銀行如何評估一家公司

當你的汽車進場檢查保養時，汽車技師會執行一貫的步驟來確認汽車的幾項關鍵指標是否正常運作。同樣的，銀行在核准一筆貸款以前，也會執行相關例行流程。不願具名的某銀行界領袖向我說明了，她旗下所有放款專員在讓銀行核准中小企業的信貸之前，都會執行的評估流程。

以下是評估流程的步驟：

- **銀行會檢視公司是否有辦法繼續經營**。公司得以繼續經營的關鍵考驗是公司是否有穩定且忠誠的客戶群、可以預期的利潤率，以及可以預期的現金流。首先，銀行會檢視公司至少一完整年度或兩年的損益表，而且是逐月檢視。銀行希望了解公司是否有在賺錢。在看過本書前三

課後，你應該已經知道該怎麼做才能獲利。

- **然後，銀行將會檢視淨利率**。這個數字很簡單，只需要將淨利（淨收益）除以營收再乘以 100。你可以在損益表最下面一行看到淨利，在最上面一行看到營收。用淨利除以營收，你就能夠找出在你的每一美元營收中，究竟有多少能夠轉換成位於最下面一行的淨利。還記得嗎？我們曾提到，巷口轉角的雜貨店的平均淨利率大約只有 2%。是的，每個產業都有其標準的淨利率，而你應該要知道你所屬產業的標準值，這會讓你當得上一位了解內情的銀行的企業客戶。如果你公司的淨利率能夠高於業界標準，那麼在任何銀行眼中，你就加分了。

- **接下來，銀行會檢視公司的毛利，看它是否足以支付固定及變動費用**。你或許還記得，包含長、短期貸款利息在內的所有費用，都是從毛利來支付。這個資料也可以從損益表的變動費用項目中找到。如果毛利水準在 30% 以上，則銀行有可能認定你的定價以及控管直接變動費用（即銷貨成本）的能力非常傑出。在第 3 課中，我們已深入探討如果你的公司目前還沒有做到 30% 的毛利時，該如何改善。

- **銀行也會希望了解公司的收入是會持續成長還是衰退**。檢視公司客戶的品質，將有助於你回答此問題。在第 3 課時，我們比較過詹家五金及喬家五金的客戶群。其中一家公司的客戶群很多元，而另一家則否。同時，銀行也會檢視客戶的購買行為。請讓你的會計準備好一張報表，列出有多少百分比的客戶已經與公司有至少兩年以上的生意往來，以及有多少客戶是在今年才向公司進行採購。客戶是否會定期購買，並且會長期支持你的公司？你的銀行很清楚顧客忠誠度將會驅動重複購

買的行為，以及讓老客戶更願意將你的公司介紹給新客戶，這將驅動你的營收的成長。如果連續幾期損益表都顯示出營收的成長，銀行就會對你的未來充滿信心。

- **銀行會檢視公司請款單能夠確實收到款的能力**。這時候，現金流量表就能夠提供很好的洞見來源。銀行將會檢視公司的現金流週期，這我們在第 5 課就已經討論過了。現金流週期記錄了公司需要付款，以及客戶付款給公司，這兩者當中的時間差。我的銀行界領袖朋友將其簡單描述為「兌現應收帳款／應付帳款的時間差」。銀行會希望了解你在催收應收帳款方面的效率。因此，我們才會在第 6 課時花了如此多時間來討論簡單易行的收款方法。

- **銀行會檢視營運資金的規模**。如同我們為 XYZ 公司所做的，銀行將會檢視你的資產負債表，並比較資產與負債，以評估公司是否有能力支付額外的現金需求或長期負債的利息和本金。銀行將會從流動資產中扣除存貨金額，並檢視流動性最高的資產——也就是現金以及應收帳款——是否足以支付流動負債。對於銀行而言，這種「假設性」的檢驗將有助於其了解，在最糟的狀況下，即使公司的存貨無法轉換成營收終至變成現金時，公司是否還有能力償付債務。

- **最後，銀行也會仔細審視公司裡的主要幹部**。銀行會希望了解負責公司日常營運的經理人的背景；他們是否專精於所經營的領域、他們的工作經驗以及在公司的年資，在申請任何一項銀行貸款時都會有加分效果。銀行了解，長期而言，已共事多年並獲致成功的經營團隊，更有可能成功經營出一家賺錢的公司。

貸款期限和抵押品的角色

銀行都很現實。他們希望能夠明確知道貸款將如何以及何時被清償，如果很遺憾的，公司經營失敗的話，又有哪些抵押品能夠被兌現（賣出）以償付這筆貸款。讓銀行對你的貸款申請案更容易點頭吧。

讓資產的預期使用年限與貸款期間一致

如果你需要為一件流動資產申請融資，例如建立商品存貨，你可以利用流動負債，也就是短期貸款（例如銀行的信用額度）來達到融資的目的。另外一種短期貸款的選擇是向製造商品的供應商申請信用額度，但這通常必須要在你已經和該供應商建立起長期合作的關係後才行得通。無論是哪種情況，你所申請的信用貸款都會在你的資產負債表中認列為應付帳款。

為短期資產融資的邏輯，也適用於長期貸款融資。如果你買下使用年限可能是 30 年的建築物，將會利用長期房貸來取得這筆資金。在資產負債表中，這會被認列為長期負債。

抵押品是剎車的潤滑油

如果你已經拿到客戶所簽下的訂單，表達其對於購買這項商品的意願，那麼要得到銀行或供應商的貸款將變得容易許多。當我還在經營閃亮亮公司，向銀行申請中小企業貸款時，手裡緊緊握著來自當地一家知名零售商的採購訂單。這能夠大幅降低銀行的風險，而這張訂單也成了這筆短期貸款的抵押品。

抵押品是某個用來質押貸款、能夠轉換成現金的物件，而在這個例子指的則是我公司的應收帳款。抵押品被設定為可轉換成現金以清償貸款。如果申請貸款的公司無力清償這筆錢，借方將得以賣出這筆應收帳款，以回收部分或全額的未清償貸款本金。維持強而穩健、資產大於負債的資產負債表，永遠都會讓你在與銀行協商時更有籌碼。

和銀行打交道的八大迷思

我的銀行家朋友所告訴我的事中最讓我吃驚的，就是在與銀行打交道時，連營業額上百萬美金的中小企業經營者，都未免太過天真。我們一起來確保你是站在聰明人的那一端吧。以下是中小企業經營者常有的 8 種迷思，以及從銀行專家的角度所提供的實際觀點。

迷思 1：銀行只需要知道我公司對於營運資金的需求。只要資產負債表夠穩健，銀行不會在意我的公司將如何使用這筆貸款資金。

**事實 1：這不是真的。無論你所申請的貸款是否是短期，銀行都會巨細靡遺的問你準備如何運用這筆借來的現金，你必須仔細思考並準備好答案；要是你沒有做好準備，銀行將會以負面性的預測來填寫審查意見。銀行本來就是一個制度化的悲觀主義者。你是需要現金以建立存貨嗎？這被稱為「供應鏈

融資」；在公司向欠款客戶催收的同時，你是否需要現金來支付薪資？這叫做「薪資融資」；為了公司的成長，你是否需要投資基礎建設？這則稱為「資本融資」。貸款的目的為何重要呢？因為公司的貸款目的將會決定其貸款的期限。請清楚了解你的公司為何需要這筆錢，以及這筆貸款將如何強化公司的資產負債表；換言之，這筆貸款將如何幫助公司的資產增長。

迷思 2：所有的銀行貸款都是相同的。

事實 2：你其實早已知道，這不是真的。我的銀行專家曾提到「循環借貸者」——每 30 天就必須償還一次的循環性信用額度的借款人。循環借貸的功能就像信用卡，但其利息稍微低一些。當借款被還清時，公司是可以再度使用其信用額度，只是再過 30 天後，即需再次繳款。其他類型的貸款，例如用以添購或裝修辦公室的貸款，期限可能更長，而付款週期與利率也完全不同。這種貸款的功能和房貸類似，但其貸款期稍短，而由於風險較高，利息也相對房貸高。

迷思 3：一旦貸款被核准，只要公司如期付款，銀行就不再會過問任何事。

事實 3：一旦銀行批准一筆貸款，銀行就搖身一變，成為公司的隱名合夥人，而所有的合夥人都會希望了解公司的營運將況。你還記得那些公司為取得貸款所必須先做到的條件嗎？銀行將希望確保公司有能力維持漂亮的財務報表。所以公司對銀行的義務不僅僅是清償其貸款利息和本金，銀行也會指望得到公司的每季以及年度財務回顧。請做好提供報表的準備。

迷思 4：公司（法人）與其擁有者的個人財務是各自獨立的，因此銀行不會過問公司擁有者的個人資產負債表。

事實 4：這不是真的。銀行會用宏觀的態度來檢視中小企業的擁有者及經營者，這代表雖然公司是以法人名義經營，但在放款之前，銀行可能還是會要

求個人名下財物做為抵押擔保（你的房子、你老婆的珠寶，或是你的車）。如果公司負責人是一位醫生、牙醫或律師，這個作法其實還滿普遍的。

迷思5：若是公司財報虧損，但現金流是正的，銀行仍舊會願意核准放款。

事實5：這是個不錯的嘗試，但也是錯的。如果中小企業經營者為了降低賦稅而在損益表上故意做出虧損報表，那麼在你向銀行申請貸款時，這將會變成一個障礙。顯示出現金流**以及**利潤是很重要的。如果你希望能申請到一塊錢的貸款，則銀行為降低貸款違約的風險，通常會希望你能展現至少1.35元的淨利，以證明你在景氣疲軟時仍有能力支付這筆貸款。難處在於與國稅局之間的角力拉扯。有些中小企業經營者為了付較少的稅負，會嘗試認列前置費用以降低利潤（而這可能完全合法）。但請牢記，短期內的避稅策略，在你希望申請銀行貸款，或者在你希望把公司賣掉時，都有可能扯你的後腿。

迷思6：銀行不會注意資產負債表上的保留盈餘。

事實6：保留盈餘是貸方會仔細斟酌的一個數字。保留盈餘出現在資產負債表的股東權益欄位中，這個數字可以反映出公司自創立至今所達到的淨利總額，因此也連結著損益表以及資產負債表。中小企業經營者可以選擇將其淨利——也就是賺進來的利潤——保留在公司裡，或者將其分配出去。但假如你毫不保留的分配光所有的盈餘，則可能在未來公司希望擴張時遇到問題。我們先前提到貸款1：淨利1.35的比例在這裡仍然管用。請以這個比例來計算你在年底時應該分配出多少的公司淨利。如果你在日後可能打算申請一筆貸款，在你申請之前，將越多的現金以及保留盈餘留在公司越好。而且你應該牢記，大多數的商業貸款單位都會規定你在收到貸款款項後，必須在至少90天內持續保留現金及保留盈餘在你的資產負債表上。將利潤分給股東是非常合理也合法的行為，但如果你把公司所有的現金都分光，則銀行絕對不會核准你的貸款

申請。

迷思 7：**銀行只在意我的商務關係。**

事實 7：銀行對你的**所有**金融需求都很感興趣。如果你在別的地方擁有一大筆個人帳戶，在申請商務貸款時，主動表示你願意將這些款項轉存到貸款銀行，將會帶給你不小的談判籌碼。

迷思 8：**如果我所經營的公司與銀行做過許多交易，我就可以算得上是一位大客戶。**

事實 8：銀行與你的商務關係主要在於公司存在其帳戶的餘額，而非交易的筆數。銀行不僅在交易上可以賺錢，在你的存款上也賺得到錢。假如公司在銀行的存款越多，則面對銀行時，籌碼也就越多。

現在我們已經破解了這些迷思，讓我提供兩個清單給你參考：一個是「請這麼做」清單，而另外一個則是「請別這麼做」。它們可能看似難懂，卻非常重要。照著這些清單所列的內容去做，將有機會幫你省下大筆時間和金錢。

○→與銀行打交道時，請這麼做

- 了解「繼續經營」的含義，並且知道該如何證明你所經營的公司做得到。

- 深入了解你的客戶群。其組成夠多元化嗎？夠穩定嗎？可以被預期嗎？

- 雇用一位能幹的記帳員來準確的記錄下公司每週以及每個月的所有交易內容。這些資訊必須是正確、即時而完整的，否則源自於這些資訊的所有報表將無法完整的反映出公司的經營狀況。如果你不清楚該如何找到一位好的記帳員，請直接詢問你的會計師。

- 請準備好正確及完整的每月及年度財務報表，包含：損益表、現金流量表以及資產負債表。

- 請準備一份你個人的資產負債表。雖然銀行為做出正確的貸款決策，會希望檢視個人以及公司的財務報表，但你還是應該將公司以及私人的財報分開。請附上一份你的履歷，好讓銀行了解你的各項經歷。

- 了解你公司的現金轉換週期——公司需要付款給供應商與公司收得到客戶的帳款之間的時間差。

- 認清公司需要申請貸款的原因，以及如果申貸核准，公司該如何運用這筆款項。請展現給銀行看你將如何還清貸款。

- 請了解「為能夠繼續經營的公司爭取營運資金而申請貸款」，以及「為尚未達到繼續經營狀態的新創公司募集資金」，這兩者之間的差異。

- 了解公司在一年之中的哪些時期會需要來自貸款的現金，並且在現金短缺的至少 6 個月以前便著手申請。如果你看不懂這句話，請回頭重看第 5 課有關「輕鬆做好現金預算」一節。

現在我們來討論你不該犯下的錯誤。

✗→與銀行打交道時，請別這麼做

- 如果你還欠銀行錢，請別白費力氣，你注定會輸。

- 別以為所有的貸款的目的都是為了籌措營運資金。有些貸款是為了建立存貨、付出薪資等。請詳細說明貸款的目的。

- 在你拿到最新的財務報表（損益表、現金流量表以及資產負債表）之前，別急著與銀行交涉。否則將會嚴重傷害你的信用，而你可能將會因此得不到第二次機會。

- 別將報稅表單充當當月以及年度財務報表。報稅表單只能揭露公司為報稅所結算的淨利，但對於諸如像銀行這種債權人而言意義不大。

- 別給出不完整或不正確的財務報表。在將報表交給你的核貸專員之前，請確認你的會計師有審核過其內容。

- 請不要同時為你個人以及公司申請貸款。因為對銀行而言，兩者都很重要。

- 別因為你不想好好完成你的工作就向銀行申請公司貸款。（我成功的用這句話吸引到你的注意力了吧？）有太多中小企業老闆或經理人都寧可支付銀行利息，也不願拿起他們的電話，催促其客戶付款！銀行並不是為了收拾你的爛攤子而存在的。該如何催收公司的欠款，請重讀第 6 課。

●　　　●　　　●

經營一家中小企業，你的心臟需要夠強。對一家公司而言，總是會有需要貸款來擴展市場版圖、招募能幹人才，或在等客戶付款的時期支付其現金流的時候。資產負債表指出了你能否在借入更多錢的同時，確保公司不會因此而承

擔更多風險的關鍵。如果資產總額比負債總額的數字高出兩倍，你的資產負債表就會很漂亮，而股東權益也會是正向的。但如果流動資產比流動負債多上兩倍，則你的公司的流動資產應該是足以妥善處理其短期的現金需求。如果資產的成長速度快於負債，公司的淨值正在成長，那麼就表示經營這家中小企業的綜合效益已經開始開花結果了。

在下一課中，我將會拼裝好你的完整財務儀表板，好讓你得以順利管理你的公司以增加利潤、改善現金流，並且提升股東權益。目前你所學到的，已經多過於大多數的小公司老闆了。恭喜你！

▎第 8 課重點整理▐

- 資產負債表是公司自開門營運至今的所有經營狀況的綜合報告。其代表公司在目前的營運情形。

- 資產負債表是一份在你的財務儀表板上不可或缺的報表。沒有任何其他報表能夠完整認列資產、負債以及股東權益。

- 一份穩健的資產負債表的特徵在於其包含了一個強勁而流動性佳，得以輕鬆支應負債（公司的各項債務）的資產基礎。

- 當毛利和現金流有所改善，且費用總額仍舊保持在損益平衡點以下時，資產負債表就會越加穩健，股東權益也得以改善。銀行會對資產負債表表現穩健的公司另眼相看。

- 如果你正在經營一家中小企業，你應該在每個月以及年底時，確實印出公司的損益表、現金流量表以及資產負債表。一位好的記帳員可以讓你輕鬆做好這些事。別再偷懶了。

- 借錢並不是一件壞事。經營得當的公司會運用短期或長期的貸款資金來建立資產。

- 讓銀行成為你的合夥人。銀行在乎的是風險控管；另一方面，銀行也同樣在乎你所經營的公司是否能夠成功。每一家個別貸款機構的貸款程序或許看似不同，但其分析流程卻是非常相似。現在，這對你來說已經不再是個謎了。

把學到的整合起來——
立刻應用你的
財務儀表板

三大報表除了可以分別判讀,更能交叉比對其中息息相關的關鍵數
值,以比較公司在不同時期的營業狀況,幫助你在危機發生之前,
警覺到哪裡不對勁。

| 你可以學到這些 |

- 你的每項交易如何牽動三大報表。
- 每週都要檢查現金流量表,與現金流預算相比較。
- 每週都要檢查客戶付款狀況,並且記下延遲付款的客戶名單。
- 每個月檢視你的信用卡帳單,以確保每一筆費用都是合理的。
- 記錄並判讀關鍵指標數字。

在 16 歲時我迫不及待的想考取駕照。這是成長必經的道路，代表了成年以及更多的自由。我從不在乎駕訓班在牆上所張貼的那些提醒我們開車風險性的恐怖車禍照片。那才不會發生在我身上！我清楚得很，我並不愚蠢；我很負責，而我與生俱來的冷靜思考將足以保證我的人身安全。在經過了數十年開車經驗以及一次幾乎令我喪命的車禍之後，我所有的妄想都消失得一乾二淨了。在一個寒冷的二月午後，僅僅需要一小塊漆黑的冰塊，就可以導致我所駕駛的幾噸重的鐵塊失去控制，並且以近 90 公里的時速衝下高速公路。

在這次車禍之後，我知道需要做些什麼，否則我將對開車上路失去信心。因此，我參加了一系列的駕駛高級班課程。當我的同學都在急於學習該如何在 145 公里的時速下急轉彎時，我只想要好好學習該如何在任何狀況下都保得住自己的命。

我的指導教練是一群賽車手。課程的一部分，是用一輛貨車將學生載到位於跑道上的一個剎車測試區。在示範時，教練將貨車維持在約 65 公里的車速，並繞著圓圈打轉。貨車在剎車測試區上不斷打滑，就好比我出車禍時一般——直到那聲強烈的撞擊出現——而教練的目的則是在指導我們該如何掌控好這個狀況。

教練看到我被示範嚇壞了，於是詢問我是否想繼續進行。我答道：「我想練習打滑上千次，並且學會該如何應付在任何情況下打滑的局面。我想要改變我天生對於打滑的反應，以避免的日後再發生車禍。我希望我對於打滑的反應可以變成反射動作。」因此，當所有人都在吃午餐時，教練與我卻在那地獄般的剎車測試區上一遍遍的練習打滑，直到我的反射神經突然開竅了。希望在未來，若是我再次面臨打滑的狀況，將會有更迅速敏捷的反應。

我見過許多創業家，其對於做生意的觀感，就有如我一開始對於開車風險

的觀感一樣。他們只看到希望，卻忽略風險。而就算他們真的看到了風險，也會經由錯誤的假設來淡化其風險性。但如果你有能力解讀財務儀表板，則不管經濟景氣與否，你在事前就能站在制高點，做出更好的商務決策。

我藉由這本書，試圖幫助你管理在經營公司時所面臨的打滑以及風險。諾姆‧布羅斯基是一位資深的連續創業家、作者及財務專欄作家；你將會在第10課讀到我與他的專訪。他估計在美國所有破產的公司當中，破產的原因有一半以上是因為經營者在公司到了無可挽救的那一點之前，都無法辨識出其所面臨的財務風險。

所有正在閱讀本書的中小企業經營者們：我希望可以讓你避免陷入那樣的痛苦深淵。從第1課到第8課，都是採用我的賽車手教練在帶我上練習場前，在課堂上先傳授相關基本知識的方式來教你。你分別學習到了財務儀表板上的每一樣儀表的各項內容，因此你現在可以理解每一種儀表，也就是報表——所量測的項目，也了解該如何解讀其內容。藉此方式，我希望你能保持聚焦，並且可以慢慢理解每一個概念，好用你自己的方式消化並留在你的腦海中。

目前為止，我都讓你待在教室內，學習該如何判讀儀表板所告訴你的訊息，而非實際開車上路。

現在，是時候讓你發動引擎，開上跑道，並且等著看當你轉動輪胎、踩油門，或是踩剎車時，會發生什麼狀況。現在，該讓我們一起來瞧瞧，當公司進行日常交易時，財務儀表板上的各個儀表會發生什麼事。

商業活動如何牽動財務儀表板

事實上，驅動一家中小企業其實只有幾種重複發生的商業活動類型。雖然財務顧問可能會為了賺取大把顧問費用而試圖給你各種建議，但以下的商業

交易（也許有少許差異），應該可以涵括經營一家中小企業所有商業行為的
75%：

- 你出售商品或服務，並賺取現金。
- 你出售商品或服務，並讓買方分期付款。
- 你收回公司的應收帳款。
- 你使用支票或分期付款來支付費用。
- 你使用信用卡來支付費用。
- 你取得一筆貸款。
- 你償還這筆貸款。

我們一起來觀察以上每一件商業行為，會對你的財務儀表板造成什麼影響。

出售商品或服務並賺取現金

當你售出一件商品或服務，你將會得到現金或是約當現金（cash equivalent）[1]（例如信用卡）來付款。（請注意：為了不讓事情過於複雜，我在這裡不討論折扣或是信用卡的交換費用。）

:: 對損益表的影響

營收會因這筆銷售的價值而增加，銷貨成本則會因為你用來製造、購買，或者送達該商品或服務的費用而增加。同時，毛利也會以營收及銷貨成本之

---

1. 指短期且具高度流動性的短期投資，因其變現容易且交易成本低，因此可視同現金。通常投資日起三個月到期或清償之國庫券、商業本票、可轉讓定期存單及銀行匯票等皆可視為約當現金。

間的差異而增加。較高的毛利可以稍微降低公司的經營壓力。如同我們在第 2 課和第 3 課中所討論的，如果你的溢價金額能夠至少高於銷貨成本的 45%，則每一筆銷售均會讓你賺到錢，而這也正是你所樂見的。還記得那個咒語嗎？**每樣產品或服務的毛利，都必須占營收淨額的 30% 以上，或比銷貨成本高出 45% 以上。**

:: 對現金流量表的影響

當客戶支付現金時，你的現金部位也得以增加。任何時候，只要有現金因任何理由流入或流出你的公司，這筆交易都一定會在現金流量表當中被認列為「現金流入」或「現金流出」。現金流入公司的速度越快，則公司也越有能力付帳單。這真是最理想的狀態了。

:: 對資產負債表的影響

對資產負債表而言，這筆現金銷售記錄最有可能對以下三行項目造成影響：現金（流動資產）與存貨（流動資產），且也有可能對股東權益造成影響。

現金是一項流動資產，因此無論何時，只要現金流量表中的現金發生變化，資產負債表上的現金部位也會跟著改變。如果你經營的是一家以現金交易為主的公司，比如賣冰淇淋，每一筆銷售都可能是使用現金交易，因此，當營收增加時，現金流量表以及資產負債表上的現金餘額都會同時增加。既然你每一筆的冰淇淋販售記錄都能達到正數的毛利（會顯示在損益表），資產負債表就會顯示出流動資產與股東權益的增加，而增加的幅度將等同於該筆銷售的毛利。

你的應收帳款不會有任何變化，因為這筆銷售在當下就已經以現金付款——公司經營者不用替收回客戶欠款而操心，應該值得慶幸吧。

　　另外一項在資產負債表上會發生改變的項目是存貨。你應該還記得，我們在第 6 課有談到，存貨被歸類在流動資產，因為它可以在 12 個月以內被轉換成現金。在銷售行為發生之前，你只能在資產負債表的流動資產下的存貨項目裡找到其價值的記錄，價值等同於你所付出的銷貨成本的金額。但是，一旦存貨被部分出售，資產負債表中的存貨量將會因客戶的購買而降低。存貨雖然下降了，但你賣出這球冰淇淋時，也因此而獲得利潤。如果你可以持續賺得利潤，而且這個利潤有至少等於銷貨成本再加上 45% 的溢價金額，那麼你的公司應該就有辦法持續經營下去。

　　若是你利用分期付款來**支付**冰淇淋的銷貨成本，並且立刻將冰淇淋賣掉而拿到現金，那麼現金流看起來會非常棒。但是，假如情況相反呢？若是你是用分期付款的方式來**銷售**你的商品或服務呢？

出售商品或服務並讓買方分期付款

　　如果你經營的是服務業，很有可能將會先提供服務，之後才向客戶請款。在損益表中，這筆交易將會與現金交易非常相似，但現金流量表將會一直等到請款單的金額被付清才會反映出這筆銷售行為。

∷ 對損益表的影響

　　無論客戶是立即付款還是一個月之後才付款，這筆銷售都將在損益表中被認列為營收。和現金交易一樣，銷貨成本以及毛利都會上升；但是，公司應該在資產負債表中記錄下客戶仍然需要支付這筆款項。請記得，資產負債表至關重要，因為無論是交易達成時或客戶付款時，資產負債表都會記下這一切。

∷對現金流量表的影響

沒有！真的什麼都沒有！現金流量表不會顯示出任何改變，因為公司售出的商品或服務在未來的時間點才會收到款項，所以還沒有任何現金的交換，而你的現金流量表會很有耐心慢慢等待。

∷對資產負債表的影響

客戶仍然需要為已收到的商品或完成的服務而支付積欠的款項。這筆客戶期票會在資產負債表當中的應收帳款項目中被認列為流動資產，而應收帳款也會以請款單上的金額增加。而另一項流動資產，存貨，將會以已售出存貨量乘以銷貨成本的金額減少。除了資產負債表之外，你不會在你的財務儀表板的任何一個儀表中看到客戶所積欠公司的金額。請款單的應收金額與存貨的銷貨成本金額之間的差異，就是這筆銷售所賺到的毛利。而這毛利的價值將會反映在資產負債表的股東權益欄位之中。

這就是為什麼**收回你所有的應收帳款**如此的重要。如果你不向客戶收款，公司就會在無法得到任何現金付款或股東權益增加的利潤下，仍須負擔已售商品的銷貨成本。這會使得公司朝著錯誤的方向加速前進！

催收應收帳款

在讀過第 5 和第 6 課之後，你應該了解了對於公司而言，尚未得到客戶付款的請款單，將會變成一筆應收帳款，而收回你的應收帳款是極其重要的一件事。

當蘇西要付給你一筆尚未清償的應付帳款時，這筆款項通常是以支票或轉帳方式支付。如果你有機會選擇，請選擇轉帳。比起等候支票被核准，通常轉帳會讓你更快能動用這筆現金。

:: 對損益表的影響

當你收回一筆應收帳款時，損益表不會發生任何改變。這筆銷售早在交易達成時就已經被視為營收並認列完畢，而非在客戶付款時認列。

:: 對現金流量表的影響

一旦你的帳戶收到客戶端的轉帳，或者蘇西的支票已被審核通過，現金流量表當中的現金流入以及期末現金將會增加。雖然這並不應該會讓任何人感到訝異，但能看見現金流的增加還真是件好事。這裡的重點並非數字的增加，而是你有了更多現金來支付你的開銷！

:: 對資產負債表的影響

因為你只是將一項流動資產的應收帳款轉換成金額相同的現金，因此在資產負債表當中的流動資產總額並不會改變。現在，雖然你的應收帳款縮水了，但你卻有更多的現金可以運用。在現金增加時，公司的流動性會變得更好，而這也是你所樂見的。

使用支票或分期付款支付費用

　　無論什麼時間，無論你是以支票、轉帳或是扛著一整個麻布袋的舊鈔票來付，付款都屬於一種現金交易。這裡談的涵蓋了所有的帳款，不管是像房租或保費之類的固定費用，或者是比如耗材費、廣告費或是原物料的變動費用。

　　我們先假設公司已經付清了當月的房租——在這筆交易完成時，以下是你的財務儀表板會顯示出的狀況。

:: 對損益表的影響

　　當你支付帳單時，在損益表中，這筆交易將會被認列為固定或變動費用。或許你還記得，在第 2 課時我們談到，固定費用不會隨著銷售量而改變，而變動費用較容易隨著銷售量的改變而增加。如果你的公司採取收付實現制的會計方式，這筆支出就會在收到付款時被認列上去。如果你的公司是採權責發生

制（還記得第 5 課的收付實現制以及權責發生制嗎？），這筆費用會在請款單的支付到期月份被認列。

:: 對現金流量表的影響

當你支付帳單時，現金流出會增加，而期末現金會下降，就這麼簡單。但是，如果該帳單提供延後 30 天才付款的選項（而非收到請款單須即刻付款），而你選擇延後付款（就像我們大多數人的選擇一樣），則現金流量表在你實際付款之前都不會有任何的改變。

我很希望你會覺得，這一切的概念都已經逐漸變成了一種直覺反應。實際上，如果本章的大部分內容都讓你覺得看起來很熟悉，那就表示我已經妥善完成了任務，而你也逐步邁向成功了。

:: 對資產負債表的影響

暫停一下！先不要往下讀。請你自己先試想看看，用支票或分期付款來支付開銷費用，對資產負債表的影響會是什麼？請認真想想，寫下你深思熟慮後所做的猜測。完成了嗎？好的，現在你可以繼續看下去了。

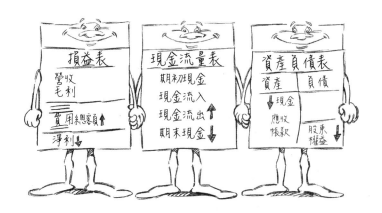

如果公司馬上就支付帳單，則流動資產的現金科目金額，將會依據請款單的金額而減少。如果公司在未來的某個時間點才付款——通常是 30 天之後，那麼該帳單將會以流動負債的方式認列（在應付帳款的細項下），因此，你的流動負債將會依據帳單的金額而上升。一旦該筆帳單被付清，流動負債（應付帳款）就會下降，而流動資產（現金）則會以相應的金額同步減少。（再次聲明，我無意在此討論關於折扣、利息，或者遲繳罰鍰。）因為流動資產（現金）被用來支付一項流動負債（應付帳款），資產負債表的兩邊將得以保持平衡，而股東權益也會持平。

以信用卡來支付費用

如果你使用信用卡來支付帳單，就為公司累積了一筆流動負債。假設你先前應付給供應商一筆錢，現在債權對象則轉為信用卡公司。實際上，信用卡公司已經用你公司的名義先付清了錢給供應商。

:: 對損益表的影響

無論你採行的是收付實現制或權責發生制，損益表都會顯示出當月支付的固定與變動費用。如果你的信用卡費用沒有完全繳清，這些未付款餘額就會產生利息費用，而這筆額外的費用將會被認列在變動費用下，一行獨立出來稱為「利息費用」的項目。

信用卡會被用來支付各種費用，諸如行銷（商業午餐會議）、客戶應酬以及差旅費，而公司在支付這些費用時，會將費用依用途分別歸屬到不同細項，因為並沒有一個稱為「信用卡費用」的細項，這種方法能夠迫使你檢視你使用信用卡的行為及目的。

∷ 對現金流量表的影響

當你使用信用卡購買商品或服務時，現金流量表並不會發生任何變化，因為該交易並沒有使用到任何現金。信用卡公司借一筆短期貸款給公司，而在公司支付該信用卡帳單時，會造成現金流出，使得期末現金因而下降。現金流量表也有記錄支付款項的用途以及何時付款的獨立細項，這也使得你更容易追蹤現金流出的實際狀況，並有助於你為公司的未來訂定現金流預算。

∷ 對資產負債表的影響

信用卡的未繳清餘額，即你動用的信用額度，會在資產負債表之中被記錄在流動負債項目下的「應付未償信貸」，並且被認列為一筆尚未付清的短期貸款。我的個人偏見是每個月的信用卡帳單應該在當期就要繳清。可能有人不同意我的看法，但我發現這是防止債務問題累積的最重要方法之一。

一旦你繳清了信用卡費用，那麼流動負債底下的應付未償信貸就會隨即下降，而現金這項流動資產，也會以相同的金額下降。資產負債表會保持平衡，而股東權益也會持平。

以我親眼所見，中小企業經營者會遇上的最大陷阱之一，就是信用卡欠款的流動負債累積的速度過快，或者幅度過大。這些經營者不是無法支付卡債，就是僅能負擔當月的最低繳款金額。此舉增加了因為利息費用迅速累積，而永遠無法清償所積欠本金的風險。還記得第 7 課中那位在公司的 5 張信用卡一共積欠了 40 萬美元的可憐蟲嗎？別讓他的危機也變成你自己的。請當個聰明人：永遠都別讓流動負債——也就是公司需要償還的欠款——的成長速度快過於流動資產。如果你在經營公司時可以時時將這個建議銘記於心，你將得以維持理智，並且維持好公司的流動性，一石二鳥。

以下是關於使用信用卡付款的最後一個建議：如果流動負債增加了，而流動資產卻沒有以相同的幅度增加，則股東權益會隨之下降。這並非好事，因為代表公司的淨利已經跟著減少了。如果是在短期內偶爾發生這種狀況可能還不會很糟，但股東權益如果能停止下滑並越快回升就越好！第8課裡的「如何改善你的資產負債表」部分，已經提供給你該如何改善這種局面的建議。

取得貸款

信用卡費用或信用額度都是短期負債。如果你向銀行取得一筆信用貸款，則這筆貸款可以有許多種可能的用途，銀行可能會施加某種形式的約束，但通常信用貸款都是用在付款給供應商、購買原物料以及為銷售成交及客戶付款之間的時間差而籌集資金。公司在等待客戶付款的同時，仍然需要支付帳單，因此，這種貸款被稱為「應收帳款融資」。

:: 對損益表的影響

損益表不會發生任何改變，直到你需要支付利息費用，或者是你繳交貸款的利息。當你支付利息時，這筆錢在損益表上會被認列為利息費用。償還本金並不會被視為費用，因此並不會出現在損益表當中（但會被認列在資產負債表）。

:: 對現金流量表的影響

現金流量表會記錄下你從信用貸款中所提出的現金，因此現金流入將會增加。期末現金也會增加，直到這筆現金被用出去──希望是使用在必要的花費，而非不必要的奢侈開銷。

:: 對資產負債表的影響

資產負債表會在流動資產的欄位中認列現金流入，同時也會在流動負債當中記錄下須償還給銀行的貸款額度。因資產與債務增加的幅度相同，所以股東權益不會受到任何影響。如果銀行核准了可使用的貸款額度，但你並沒有動用該額度，那公司將不會有債務產生，也無需償還任何款項。一旦你動用部分或所有可使用的銀行額度，這將會被認列在資產負債表的流動負債（稱為「應付未償信貸」）項目。

你應該這麼做：當你向銀行借錢進來時，請確保這筆資金會被投資在可以增加收入、提升生產力（降低銷貨成本），或降低費用的事情上。如此一來，源自信用額度的這筆現金將會具有改善公司的淨利率以及現金流的潛力。請仔細閱讀前兩句話，就已值回你買這本書所花的錢了。

償還貸款

貸款被分成兩個部分，**利息**（貸款人要求借款人為使用這筆款項而支付的金額），以及**本金**（貸款的原始價值，或是在償還一部分貸款以後所剩餘的需支付金額）。我們一起來看一下，如果你在當月份償還一筆長期貸款（例如房貸）的利息以及本金，你的財務儀表板將會出現什麼變化。

:: 對損益表的影響

不論你所申請的貸款是短期（流動負債）抑或是長期，損益表會將公司所支付的所有利息費用都認列為變動費用。償還本金的部分則不會被認列在損益表上，因為這並不是一筆費用，而純粹是債務的償還。在認列為利息費用的這段時期內，淨利將因而下滑，而這也會反映在損益表中。

:: 對現金流量表的影響

因繳納利息以及本金，現金流量表將會記錄下現金的減少。現金流出將會上升，而期末現金則會下降。

:: 對資產負債表的影響

當公司償還本金時，資產負債表會在流動現金項目下記錄現金的減少，同時也會在長期負債的項目中，以相應的金額降低需要償還的債務。

如果該貸款是被用來購買已經增值的不動產，現金將會下降，但如果不動產的價值有上漲，固定資產很有可能也因此上升。如果該貸款是被用來建立存貨，在現金下降的同時，存貨則會上升。貸款的用途，以及該資產在一段時間之後是會增值或是貶值，將會決定股東權益會上升或是下降。

現在你已經學會預測一般日常的交易所帶來的結果，可以離開練習場，將你的愛車開上高速公路了。但是，在此之前，你還需要認識一些就像是 GPS 導航系統一般的關鍵比率，以下的比率將會在你的路途中幫助你定位，好讓你知道何時該修正方向。

比率和百分比可以幫助你看出模式

就像我在以上諸多範例所做的，在交易發生時及時記錄下數據是非常重要的。但是你更大的目標應該是察覺出生意的模式，並且預期它們對未來所代表的意義。

比率和百分比可以幫助你了解這些數字是如何息息相關。光是記錄下關鍵指標數字上升或下降是不夠的，重點是相對於其他指標，這些指標的表現如何。會計師將這些比較值稱為「比率」。你在以下的範例就會了解，比率是一

種簡單的分數。但就和任何分數一樣，也可以換算成百分比來表示。依照會計慣例，特定的比率（如淨利率以及毛利率）將會以百分比率的形式呈現，而其餘的分數（流動比率、速動比率）則會使用比值來呈現。無論你使用比率抑或是百分比來計算這些分數，它們都讓你得以比較公司在不同時期的營業狀況。同時，它們也可以幫助你在危機發生之前，察覺出哪裡正在改善，以及哪裡出現了問題。如果你持續記錄以下列出的比率以及百分比，將能保持良好的營運狀態。

淨利率

淨利率（Net Margin Percentage，或稱**純益率**）可以顯示出你的營收以及真實淨利（純益）之間的關係。其呈現出你的損益表最上方（營收）以及最下方（淨利）的項目之間的關係。

淨利率 ＝ 淨利 ÷ 營收 × 100

這是一種衡量效益的比率，其目的是衡量在一段特定時期中，每一塊錢的營收有多少得以成為淨利。如果你的淨利率百分比正在增加，代表越多的營收能夠成為淨利，而這也是你的目標。這個比率的改變反映了利潤的百分比是正在改善或惡化。請每個月都觀察這個指標，以確認其改變的方向。除此之外，了解自己所在行業別的淨利率水準是一件很重要的事。如果你的利潤百分比高過於你行業的平均值，代表你目前的營運方向非常正確。反之，則代表你需要改善毛利（提高售價或降低銷貨成本）或者是削減營運費用。

你可以在損益表找到營收以及淨利的金額。

毛利率

毛利（Gross Margin Percentage）等於你的營收減去銷貨成本（我知道，這已經讓你感到無趣又呵欠連連了）。而**毛利率**能夠顯示出每一美元的營收當中，有多少比率能夠成為毛利，也就是在減去費用之前的利潤。因為毛利是得以用來支付公司所有開銷的錢，所以了解這個數字很重要。

毛利率 = 毛利 ÷ 營收 × 100

你在第 2 及第 3 課就已經知道，你的目標應該是 30% —— 也就是說，如果希望公司能持續經營下去，則每一塊錢銷售額中的 30 分錢，都應該是你的毛利。我再次強調，每個行業都有其特定的平均毛利率，而你應該了解自己行業別的平均值；我們所說的 30% 只是一個參考指標而已。

你也可以在損益表當中找到營收以及毛利額。

應收帳款周轉率

應收帳款周轉率（Accounts Receivable Turnover Rate）可以測量你的催收部門（是哪一位同事呢？你自己嗎？記帳員嗎？還是丈母娘呢？）的工作效率。這個比率會出現在「應收帳款天數報告」中，而你可以請記帳員或是會計師幫你準備此報告，好讓你了解在一年之內會回收應收帳款幾回。

應收帳款週轉率 = 年度賒銷收入 ÷ 應收帳款

賒銷收入（Credit sales）是指當客戶收到商品或服務時，公司允許客戶使用現金或約當現金，在未來的某個時間點才進行付款。在以上方程式中，我們使用的是在一整年所累計的賒銷收入總額。

順利的話，在這份報告所得出的數字會很接近 12。其代表的是，你每個月份均有進行應收帳款的回收。如果數字越小，代表你花費在回收應收帳款的時間越長，而這對公司所帶來的問題越大。

但請注意：因為這個數目會是平均值，有些累積了非常久的應收帳款可能會因此而看不到。我在第 6 課時有建議你，請讓記帳員準備一份當月應收帳款的帳齡報告，或許仔細檢視該報表會更有效。

流動比率

你的**流動比率**（Current Ratio，通常簡稱為「**流動比**」）所衡量的是公司的短期流動性。該計算方式為檢查資產負債表當中的流動資產總額以及流動負債總額，並且能顯示出公司是否具有足以支付短期負債的流動資產。

流動比率 ＝ 流動資產總額 ÷ 流動負債總額

流動資產總額包含現金、應收帳款以及存貨。你只需要將流動資產的總數除以流動負債的總數便可以得出流動比率。如果比值有達到 2：1，表示你可以高枕無憂，而你的記帳員的催收壓力也可以輕很多。

速動比率

速動比率（Quick Ratio，通常簡稱為「**速動比**」）是上述流動比率的一種變化版，速動比會將存貨從流動資產當中扣除。在預測公司的流動性時，這樣做會讓速動比顯得較為保守。（有時存貨很難被轉換成現金，因此這個比率把存貨從流動資產總額當中扣除。）

速動比率 ＝（現金＋應收帳款）÷ 流動負債總額

現金、應收帳款以及流動負債永遠都會放在資產負債表當中。對於在特定的時間點，如果公司需要立即支付全額的流動負債，在當下公司擁有多少現金及約當現金可以支應，這些流動性帳戶能提供精準的解答。這個比率最低應該要是 1：1。

最理想的情況是流動資產大於流動負債，以防銀行或供應商要求立即付款。在景氣疲軟時較容易發生這種狀況。

當公司成長時，應該仔細觀察的比率也會越來越多，但上述的幾個比率對一般中小企業而言能夠提供一個完整的基礎。如果你每個月都能夠留意守好這些比率，你將能遠遠超出同業，快速成長。

●　　　●　　　●

以上就是你的財務儀表板的實際運作情形，以及一個可以帶領你前往目的地的 GPS 導航系統。無論何時你都應該從損益表開始檢視，因為其記錄下營收以及與公司營運相關的一切費用。

接著，你應該觀察現金流量表的變化，因為仔細檢視期末現金，對於打造一間得以繼續營運的公司並且避免破產而言是至關重要的。資產負債表一定會被排在最後面，因為其包含了另外兩個報表的數據，並且整合了從公司成立至今的一切交易所帶來的影響。

一般的會計軟體都能夠在你稍微動幾下滑鼠後便完成這些比率的計算。你可以請你的會計教你如何使用會計軟體，甚至要求在平時的財務報表中都要包含這些比率。

我在財務跑道所學到的教訓是，當汽車打滑時，結局並不一定是幾乎讓你喪命的撞擊；差別在於是否學會掌控你的方向盤。現在，你已經學會了如何掌控好你公司的方向盤。

▌第9課重點整理▐

每天

- 請每天檢查你的現金餘額，並比較你所擁有的現金，以及你將會需要的現款。（第 6 課有學過該如何製作一份現金流預算表，以記錄下你的現金需求。）擁有一個網路銀行帳戶將會讓檢查現金餘額以及線上付款更加迅速且更輕鬆。

- 立即存入支票，以確保能在最短時間內就能動用該款項。兌現海外支票需要花更多時間，而如果有任何一張支票跳票，立即存入的動作也會讓你更快得知。

- 使用在你要求之下，記帳員為你完成的「帳齡報告」，將催收電話列在你的行事曆上。在帳單到期以前，就讓催收電話成為你每天例行工作的一部分。（在第 6 課曾告訴你輕鬆的收款方式。）

每週

- 請讓會計師或是記帳員建立一份現金流量表，好讓你能每週檢閱。

- 將每週的現金流量表與你的現金流預算相比較，並且依據情況的變化，調整下一週的預算。

- 檢閱一週之內的客戶付款狀況，並且記下延遲付款的客戶名單。這將有助於讓你判斷是否仍舊希望服務那些客戶，或是改變你的支付條件。

- 如果你雇了一位負責應付帳款的會計來幫公司支付帳單，請確保你每
  一筆超過 250 美元的款項在付出去之前，有檢查過該支票以及該筆請
  款單。這會讓每個人都對自己的職務更盡責。

每月

- 請讓你的會計師或是記帳員建立一份損益表以及資產負債表，好讓你
  能每個月檢閱。
- 請檢視我們在這一課所討論到的那些關鍵比值以及百分比，以及它們
  有沒有發生任何變化。如果這些比率有所成長，這非常棒；但如果它
  們開始下滑，請準備好一個簡單易行的計畫，好讓比率在下個月中能
  夠有所改善。本書中的每一課都有告訴你該如何達到這樣的目標。
- 請在每個月份確實檢視你的信用卡帳單，以確保每一筆費用都是合理
  的。如果你很快就發現問題，信用卡公司就比較有可能提供給你更好
  的協助，並且以對你有利的方式來解決問題的機率也會比較高。

師父傳授：數字決定了你的公司——
專訪《師父》諾姆・布羅斯基

帶你走進 Citistorage 創辦人、連續創業家、專欄作家、《師父》作者諾姆・布羅斯基的辦公室，請他分享一路走來所學到的經驗。

| 你可以學到這些 |

- 身為創業者，必須能了解公司的日常經營→請讀懂自己的營運數字。
- 嚴謹地控制你的花費，想盡辦法把費用降到最低。
- 在做每一盤生意前，評估你的風險程度。

「街頭智慧」（Street Smarts）的專欄作家以及《企業》（*Inc.*）雜誌的資深特約編輯諾姆・布羅斯基，曾經完整體驗過中小企業經營的高峰期以及最低迷時期。在他創立並扶持的六個公司之中，他成功將一間資料儲存公司Citistorage 打造成數百萬美元價值，並且在 2007 年時，將此公司以 1.1 億美元的金額賣掉。此外，他也曾經兩度宣告破產。

Citistorage 在草創時期是一家通訊服務公司。但是當某位客戶要求諾姆幫他儲存四個箱子時，這個公司的歷史就此被完全改寫。現在，如果你拜訪布魯克林區的威廉堡市，你將會看到遍布市區的工業風藍白色建築，裡頭儲藏了上百萬個箱子。Citistorage 是一個有效改革威廉堡市的成功案例，證明成功的公司能夠改變其周遭環境以及許多人的人生。諾姆與他的妻子伊蓮（Elaine）以及他們的執行團隊，打造出了讓世界 500 強公司都羨慕不已的企業文化。

我曾經帶學生去參訪這間公司，好讓這家經營出色的公司能對學生們有所啟發。在課堂上討論傑出的經營模式是一回事，但眼見為憑又是完全不一樣的感受。布羅斯基伉儷不僅是傑出的企業公民，更是對社區友善的好鄰居。公司在假日期間會向有需要的家庭捐獻出成山成海的禮物，且他們每年在 7 月 4 日獨立紀念日所舉辦的街道派對，名聲遠播。那時，會有上千位民眾自四方趕來，親身體驗諾姆的慷慨。

雖然諾姆非常慷慨，他卻不是那種柔性的人物。他的員工給他「雷霆諾姆」的別名是事出有因的；當他想到某個願景時，沒有任何事情能夠阻擋他前進。諾姆是一位熱愛幫助小公司成功的連續創業家。他發表過上千次關於該如何成功經營公司的演說，並且親自輔導過上百位企業家。他同時也是一位受人敬佩的作家以及慈善家。這位白手起家的鬥士，現在將要與你分享他一路走來

所學到的經驗。最棒的是，諾姆即將討論到的一切，你都已經事先在這本書當中學過了。

與師父有約

我非常幸運的能夠有機會與諾姆訪談數個小時。以下的精彩訪談，就是我在與諾姆共同度過這些時間後，所能帶給你們最棒的禮物。

唐恩：諾姆，感謝你今天願意分出一些時間受訪。我很感謝你願意給我機會，讓我能在我正在寫的書裡分享此次訪談的內容。這本書的目的是幫助中小企業，因為有許多中小企業正在受苦。

諾姆：應該大家都在受苦吧！我見過許多明明有機會成功卻破產的公司。他們都有很棒的想法、產品或服務，也有銷售技巧——但他們卻沒有足夠的現金。在發生時，公司業主都很震驚。大部分人都會說：「我的錢不夠。我的錢用光了。」但其實他們的錢並沒有不夠；他們是沒有好好的用這些錢。而這是最基本的。他們通常都是靠在失敗中不斷嘗試或純粹靠運氣來學習。大部分失敗的中小企業之所以會失敗，都是因為那些創業家並沒有關於經營數字的概念。我的哲學是，數字決定了你的公司。數字並不難懂，你並不需要去專門學習會計。我大學是念會計系的，但是我當時就是不懂，因為我那時並不想懂，我當時太專注於業務了。如果你可以真正看懂這些關鍵數字，就可以看出你快要大難臨頭了。

財務儀表板就是中小企業生存的關鍵

唐恩：你覺得為何能夠繼續生存的中小企業如此的少？

諾姆：了解如何看懂你的財務儀表板就是生存的關鍵。在我的經驗中，在

創立中小企業的人裡頭，有 90% 的業主其實並不了解該如何看懂他們的財務報表。這就是大部分小公司無法生存下去的原因。大部分中小企業的經營者都認為那太複雜了，所以他們很怕這些報表。但其實教導人們該如何監控那些能夠讓他們的公司達到成功的因素，非常簡單。

唐恩：在經營中小企業時，第一個先決條件是什麼？

諾姆：在一開始，如何生存就應該是你的目標。這與賺錢或賠錢毫無關聯，這個意思其實是你是否有辦法靠現金流來自給自足，這就是重點。一旦公司開始成長，你就能夠完成許多其他的事。

唐恩：你是怎麼學會這些數字的？

諾姆：是我的父親教我的。在信用卡和百貨公司被發明以前，他是一位挨家挨戶登門兜售產品的業務員。我問他：「你是如何賺錢的？」他說：「這很簡單。你有看到放在這裡的瓶子嗎？你用一塊錢買下它，然後用兩塊錢賣出，你就有了 50% 的毛利率。」我的學習之路也曾經很艱辛，雖然我現在已經很成功。我破產過兩次；第一次是在 33 歲，第二次是在 46 歲。你可以雇用別人來替你管帳，可是無法雇用任何人來替你了解你的數字。身為一個創業家，這是你自己該做的。

唐恩：你覺得大部分的創業家為什麼會看不懂一份基本的財務報表呢？

諾姆：因為大部分創業家都是業務出身的，他們認為業務才是唯一能夠驅動公司並且決定成敗。業務很重要，但是經營一間成功的公司，需要更多的條件。每次我向觀眾演講時，我都會問他們一個同樣的問題。「你們之中有多少人是以業務起家，並且現在在經營自己的小公司？」一般來說絕大部分，超過半數的聽眾都會舉手。業務哪知道該如何經營公司呢？他們只懂業務而已。他們會想：「我為某家公司成交了上百萬美元的訂單，我當然也可以為我自己做

到。」而他們應該也的確做得到。

但他們所不了解的是，公司除了業務以外的一切。就只憑你很懂銷售，不代表你的公司就不會破產。

唐恩：為什麼答案不是乾脆雇用一位會計師呢？

諾姆：我做的其中最重要的一件事，就是教經營者如何了解他們的財務人員和會計師所使用的那些專有名詞，好讓他們至少能夠了解最基本的概念。會計師其實都是歷史學家，他們的工作很重要，因為過去能夠指引你前往未來。但是當你從會計師那邊看到你的數字時，一切都已經太晚了。雖然你可以從過去學習到很多知識，卻無法回去活在歷史裡，你需要活在當下的情勢中。對於該如何駕馭你的公司，你至少要有基本概念。你可以回到學校，上一些會計課程；但上這些課很花時間，而且課程內容會非常深入，我根本不確定他們是否會教你經營公司的基本功。另外一個問題則是，你當然可以上會計學課程，考試也能過關，但你仍然可能完全不了解該如何經營一間公司。

唐恩：哪幾個基本概念是每一位中小企業經營者都應該要了解的？

諾姆：我認為最重要的就是現金流量表。你需要仔細了解這個報表、熟悉它的運作方式，以及它所告訴你的那些事情。如果你沒有足夠現金來付清你的帳單，你就關門大吉了。你無法付錢給供應商，以致無法購買產品原料，同時，你也沒有錢支付員工薪水。當我在指導中小企業主的時候，我們會檢視收入、費用、現金流，還有預算。我在這個過程當中會翻閱上百張圖表！有多少人能夠理解，為何一間賺錢的公司也有可能會破產？創業家應該要了解現金流和利潤之間的差別，但是大部分的創業家都不懂。所以現在，換我問你一個問題：一筆交易應該在什麼時候才算是完成了？

唐恩：當你收到那筆交易的應收帳款時。

諾姆：這就對了！假如你開的不是一間糖果店，當然不會馬上收到款。你的銷售業績可能很棒，但卻仍然有資金短缺的可能！創業家會說：「你說我會沒有錢是什麼意思？」他們不懂，如果他們預計一個月的營業額可以達到 5 千美元，實際上卻只達到 4 千美元，這就有可能會讓他們破產。你的公司每天經營的起點就是現金，而你的現金是有限的。你必須確保現金不會不足。你是否有賺錢會被記錄在損益表中，但這與現金流一點關係也沒有。他們真的需要了解這之間的差異。現金是最容易失去的東西，但要補上現金卻是最困難的。

每一位創業家都會犯的錯

唐恩：你有發現什麼一而再、再而三重複發生的問題嗎？

諾姆：我見過的所有創業家都會犯下相同的兩個錯誤：他們都會高估銷售量，並且低估經營公司所需的費用。我怎麼會知道這些呢？因為我也曾經犯過同樣的錯。我會教大家的第一件事就是，對於業績的預估，必須要實際一

些。當人們企圖心過強時，只是在欺騙自己罷了。銷售以及收帳能夠驅動現金流，所以倘若預期銷售量過於不切實際，現金流也會是錯誤的。如果一位創業家沒有足夠的現金就經營不下去了。每次我看到這樣瘋狂的業績預測，我都會說：「這些預估是絕對不可能實現的！」然後對方就會回答，他們也有難處，因為他們只能募到 20 萬美元資本，因此他們需要提高預期業績來彌補中間的短缺。這不是個好策略。他們應該做的，是根據他們有多少創業資本來衡量公司，而且應該抱持較保守的態度。先觀察公司能實際達到的業績量，以及實際的費用開銷。大部分的人都會先買一套電腦軟體，接著片面的根據手邊的資金進行業績以及費用的預測，而不是仔細聆聽市場所告訴他們的事實。預測並不是給投資人看的，預測的目的是幫助你經營公司。如果你的預測並不實際，那麼注定從一開始就輸了。

唐恩：創業家會怎麼評估他們在一開始創業時所需要的成本？

諾姆：他們對於創業需要多少錢其實一點概念都沒有。絕大部分的人都沒念過商學院。他們或許可以預測出營收以及淨利，但對於現金流的預測真的是一點頭緒都沒有。他們不了解一個數字和另外一個數字之間的互動關係。

我每個月都會免費輔導 20 位中小企業主，他們都有同樣的問題。當我請他們繪製一張現金流量表時，他們會交出一張自以為是現金流量表的東西。

他們會這麼說：「這就是我的預估銷售額，這是我需要花的費用，然後這個數目是我會賺到的錢。」這很棒，但是他們都會在到達那個數字之前就先破產。為什麼呢？因為他們只會預測自己所希望看到的利潤，而不是他們預期的現金流。

在一家新創公司，如果你能夠好好管理現金流，就算正在賠錢，你還是有可能可以持續經營。大部分的人都不了解這個道理，因為他們不了解收付實現

制以及權責發生制之間的差別。在損益表上的利潤並不會告訴你是否有足夠的現金去達到你所期望的淨利。

　　年銷售量低於 500 萬美元的中小企業通常都是採取收付實現制。這種模式會在現金交易發生時才認列這筆交易。另一方面，權責發生制可以幫助你管理在未來將會發生的應收以及應付帳款的現金流的時間點。銷售的時間點以及公司是何時將得到付款，都一定要被記錄下來，因為這是能夠讓你了解，是否在現在和未來，每一週、每個月，都有足夠現金維持公司的唯一方法。

創業者把錢燒光的原因

　　唐恩：大部分創業家都會說，他們之所以破產是因為創業資金不夠。

　　諾姆：但大部分的情況是，他們都不了解該如何運用手邊的創業資金。有個十分常見的錯誤就是，當人們開一間公司時，立刻去租下一間辦公室，然後買下漂亮的家具。創業家必須了解，他們從第一輪所得到的經費，不論是自己的錢，還是來自於家人或朋友的錢，都非常容易得到。但是一旦這些錢花光之後，他們就無法再向這些家人或朋友要錢。銀行在公司能夠繼續經營以前，是不會借錢給他們的，所以銀行無法被列入考量。這一來，他們就沒別的地方可以借錢了。那筆資金的運用就是他們的生命線；如果生命線斷了，就絕對無法成功。

　　唐恩：所以大部分的創業家都不了解奢侈品和必需品之間的差別？

　　諾姆：完全正確。當一開始你的現金就很緊時──其實資金永遠都會是這樣的──很多的創業家會將錢花在奢侈品上頭。他們就是不懂。任何一件無法直接幫助公司取得更多現金流的東西，都是奢侈品。請記得，現金是最容易花掉的商品，卻也是最難取得的商品。你沒辦法那麼容易補充你的現金。

唐恩：當現金很吃緊時，你是如何決定什麼是該被降低的費用？

諾姆：在我 33 歲破產的那一年，我與太太一起坐下來討論。我們需要弄清楚在接下來的 12 個月還有多少錢可以過日子。我們也必須弄清楚該如何降低開銷。在我的想法，我們必須處理掉其中一輛車。她卻說：「我們需要兩輛車呀！我們的日常時間表又不一樣。」我說：「擁有兩部車是一種奢侈。我們應該更周全考慮未來該如何過活。擁有一輛車是必要的，而擁有兩輛車則是一種奢侈。」如果你從一開始就必須撙節現金，就需要嚴謹地控制花費，想盡辦法把費用降到最低。

唐恩：你一定也在其他中小企業身上看過這樣的狀況。

諾姆：我曾經看過一間很棒、很有潛力的軟體公司；但很不幸的，它還是破產了。公司的經營者在事後來找我。我問道：「你是如何使用創業資金的？」他們的辦公室、商標、甚至連文具都是那麼的美輪美奐。所有的東西都很高檔。結果是，這些搞軟體的傢伙，明明是到府上服務，卻花了一堆錢裝修一間根本沒有任何客戶會看到的辦公室。我說：「你把錢都花在奢侈品上了。」他們竟然在破產之後還否認我的看法！

我在公司經營了 20 年之後才買下一件新辦公家具，因為那是一件奢侈的事。現在我的辦公室非常華麗，但當我在創業期間，我需要一張椅子，卻不需要一張包含自動按摩功能的名牌設計師椅。我怎麼會需要這些奢侈品呢？

能驅動公司的數字才是關鍵

唐恩：有那麼多的數字，有時看了真的會很害怕！你是如何保持聚焦的？

諾姆：每間公司都有某些會透露出公司傾向以及未來財務健康狀況的數字。在這時候，歷史就顯得非常有用，特別是針對已經經營了一段時日的公司

而言。舉例來說，一位餐廳老闆就可以根據在星期六晚上他餐廳的滿席率，來告訴你他下星期的現金流大約有多少。

每一家公司都有不同的關鍵指標，可以衡量出機會以及風險的模式。當我還擁有那家倉儲公司時，我可以依據每週都會檢視的那些數字，來判斷我們是否有問題。這些數字包括我們的營收、送貨的次數、代管了多少箱子，還有誰欠了多少錢。

我越來越會看這些指標，我在會計師拿出相關報表以前，就可以直接告訴他賺了多少錢。

唐恩：其中一個你會觀察的指標就是應收帳款。

諾姆：如果你讓客戶分期付款，會有一部分的營收永遠都拿不回來。我已經在這行打滾了這麼多年，了解大約 96% 到 98% 的應收帳款是可以被收回的。了解這個數目有助於你做計畫及預測。沒有任何一家讓客戶分期付款的製造業或服務業，能夠回收百分之百的應收帳款。在規畫現金流時，你一定要保留一些呆帳的誤差。

唐恩：你是如何管理應收帳款的？

諾姆：你手邊需要握有一份名單。根據這個名單，你在客戶的付款日到期後的第一天，就需要一位一位的提醒客戶請他們付帳。大部分中小企業經營者都會等到他們手邊已經沒有現金了，然後才會想起 30 天到期的請款單其實已經累積到 120 天了！到那個時候，你就有危機了。如果 30 天到期的請款單，已經到 120 天還沒有拿到錢，你會發現客戶之所以不付錢，通常正是因為他們自身已陷入了財務危機。

專家如何催收帳款

唐恩：對於如何管理應收帳款，你有什麼建議？

諾姆：中小企業經營者不了解收回應收帳款有多麼重要。如果客戶沒有支付 30 天到期的請款單，公司得在第 31 天就打催收電話給客戶。請立即行動。你給予他 90 天付款期限的客戶，如果他沒有付款，你得在第 91 天打催收電話。就連已經經營多年的中小企業，許多都沒有確實遵循這個原則。別讓你的應收帳款累計太久。當客戶欠你錢的時候，你就等於是銀行！

唐恩：中小企業經營者通常都會怎麼做呢？

諾姆：他們通常都會把應收帳款放到一邊，直到意識到客戶已經付不出帳單。接著，他們會開始檢查到底是誰欠他們錢，然後大驚失色道：「喔！我的老天哪！」──竟然有一個傢伙欠了他們 10 萬美元，而且雖然他的付款期限是 30 天，卻已經積欠了 120 天！但更大的問題卻是，你在一開始為何要答應讓這位客戶延後付款呢？公司如果無法準時收到客戶的款項，將無法生存下去。在協商交易的時候，一開始就應該好好談清楚付款的方式以及期限。一旦談成了這筆生意，你在檢查是否有準時提供服務的同時，也應該檢視應收帳款的付款情形。

唐恩：你該如何在談生意時提起付款期限呢？

諾姆：與其在事情發生以後才追著不肯付款的客戶跑，在一開始就仔細評估這項風險，並且決定你是否想做這筆生意，不是來得更好嗎？我們會告訴客戶：「我們很樂意與你做生意。以下是我們的付款條件。如果在 30 天之內沒有收到你的付款，我們會加收未付清款項的 2%。」你如果不肯放過任何一筆生意卻不論其好壞，你將無法成功。

唐恩：你是如何處理希望能有 60 天或 90 天付款期限的客戶呢？

諾姆：事實就是，客戶並不喜歡付款，特別是付款給較小的公司。你在一開始就可以選擇如何談判你的付款期限，例如明說「我們無法等待 60 天」，或者是「我們在收到付款之前無法滿足您的下一筆訂單」。如果我們在尚未收到目前的款項時，就選擇再次提供更多的商品及服務給一位不付費的客戶，風險就更大了。這就是中小企業發生危機的原因。無論如何，別一直和不付費的客戶有生意往來！請開始每週都打催收電話給超過期限的客戶。別等到真的發生現金危機。

在談生意時就要與客戶討論付款條件

唐恩：如果在談生意時沒有提到付款條件，可能會發生什麼樣的風險呢？

諾姆：你談了一筆生意，你向客戶說，我們的公司政策就是要在 30 天之內付款。客戶反將你一軍，要求 90 天的付款期限。現在，你需要做出決定。你可以堅持 30 天的付款期限，並且拒絕這筆生意，或者是答應對方的付款條件，並且決定這是否值得。對於這個決定，以下是我的個人想法。

如果公司的毛利真的非常高，我會考慮。如果沒有很高，那麼我拒絕了這筆生意，會讓我的公司更堅韌。營收可能不會非常好看，但現金流卻會得到改善。

我們先來假設，這筆訂單的銷售金額是 100 萬美元，毛利率是 24%，也就是 24 萬。如果付款期限是 30 天，一般來說我們將可以得到應收帳款的 8 萬美元作為融資。先決條件是我們的確可以在月底收到完整的款項。（諾姆絲毫不用考慮就說出了這些數字。其實他是將毛利 24 萬美元除以應收帳款期限的 3 個月，故得出每月 8 萬美元。我承認，我很佩服他。）但是我的客戶卻希望

付款期間能夠再多兩個月，而這讓公司必須額外負擔 16 萬元的應收帳款。如果承擔這個額外的 16 萬應收帳款的成本是 60%，那麼我需要知道，公司是否有額外的 10 萬來承擔這筆生意呢？（諾姆的資金成本是 60%。這位經營多年的生意人很清楚自己的這個數字。至於你公司的資金成本是多少，你的會計師應該可以清楚告訴你。）答案若是否定的，雖然營收看似極大，這筆生意卻有可能讓我關門！但沒有人會這樣思考。大多數創業家都不會願意拒絕一筆上百萬美元的生意。但倘若我知道這筆生意會因為客戶付款太慢而讓我歇業，我會清楚拒絕。

我並不是在叫你拒絕這種生意。但是你必須知道，如果你想接下這筆生意，你有可能會需要向銀行借錢，或是折價賣出這筆應收帳款，以取得應收帳款融資。你可能有辦法替應收帳款融資，但倘若今天你的公司已經被證明可以持續經營，將會有許多別的選項。目前，你需要先生存下去才能達到那個階段。答應客戶分期付款永遠都會有風險，而如果你可以評估風險程度，將可以做出更聰明的抉擇。

唐恩：如果想要做出這樣的分析，你就需要了解你的費用開銷。

諾姆：是的，但除此之外，你也需要知道公司有額外的 10 萬美元的現金才能為那筆應收帳款融資。還有很多我們根本沒有提到的費用，像是如何支配固定費用，還有業績佣金的會計方法，而這很有可能會是一筆客觀的費用。

唐恩：不僅是客戶，你的業務人員也應該充分理解並遵守公司的付款條件與期限。

諾姆：是的。我們會對業務人員提供獎勵，好讓他們更加了解付款條件，因為這可以有效的保護我們的現金流。談成一筆生意只是第一步，業務人員更

需要在乎付款條件。我的業務員會在回到辦公室以後大聲宣布：「我們談成了！」而我下一個問題永遠都是相同的：「那我們什麼時候可以收到錢？」絕大多數的情況，他們都沒有給我答案。大部分業務員都會設法出售最廉價的商品或服務，因為他們並不在乎這筆銷售額的毛利或是付款條件。你必須讓他們在乎。

在某一個時間點，當景氣不好而付款時間越拉越長時，我們修改了內部的業績佣金政策：我們在公司收到付款時才會發出績效獎金。這的確能確保業務員會和每一位客戶都討論到付款條件。

在初步的交易接觸時，就需要與客戶協商你的付款條件和期限。仔細判斷公司是否可以負擔這筆應收帳款、確認你有按時追蹤這筆應收帳款。這就是你應該有的管理方法。

唐恩：對於延遲付款的客戶，你會怎麼與他們溝通？

諾姆：這很簡單。我們會說：「聽好了，你做出了承諾，也明白這筆生意的條件，你是否可以交出支票了呢？」或是「我只是希望你履行承諾罷了。」

唐恩：有時候就算你有打那些催收電話，客戶手邊的現金卻依舊很緊。你有什麼建議嗎？

諾姆：大部分的中小企業經營者在看到帳單快要到期，而如果手頭現金很緊時，他們會逃避那些催收電話，或者他們會付部分的款項給其中一兩家廠商。其實他們應該做的，是在請款單截止前就打給供應商，誠實告知：「我們回收應收帳款面臨到一些困難，我們在下一個 30 天週期以內就會付清我們所承諾你的金額。」然後，請說到做到。在事發之前就告知供應商並取得協議，比在事後再面對會來得容易許多。

唐恩：如果現金真的枯竭，我們可能會面臨什麼樣的風險呢？

諾姆：當小公司沒有現金時，經營者往往會選擇不支付預扣所得稅。這是一個很糟糕的觀念。這會是一筆非常大的開銷，因為罰金昂貴。而且你可能面臨到許多麻煩。如果一家中小企業不依法使用薪資管理系統來支付薪資，公司老闆會需要個人承擔逃漏稅的問題；如果創業家沒有正確的支付預扣所得稅，可能會面臨刑事責任。當手頭現金很緊的時候，不依法付稅給國稅局或許可以讓你很容易暫時省下現金，但風險卻是非常的大。不論你怎麼做，請確實支付你的預扣所得稅！

成功的創業家會如何檢視資產負債表

唐恩：為何資產負債表如此重要？

諾姆：有多少人真的了解資產負債表是什麼？幾乎沒有。當我在觀察資產負債表時，會把焦點放在兩個重要的數字上：流動資產以及流動負債。如果流動負債大於流動資產，你就算不會立即破產，其實也非常接近了。這代表你沒有足夠的現金或約當現金足以來支應短期債權。

有一家公司曾經在遇到麻煩的時候來找我。我說他們已經破產了，而他們卻不願相信，所以我大致上檢查了一下他們的資產負債表。他們有一筆50萬美元、3個月內會到期的銀行貸款，而他們的流動資產卻只有10萬美元。他們說道：「銀行會答應讓我們延期。」或許銀行的確會這麼做，但也有可能不同意。我並沒有說他們會倒閉，但這的確是一個問題。這或許在當下還不會成為問題，但如果你的流動負債大於流動資產，就得好好處理這個問題。

這些創業家從來不看他們的資產負債表。他們知道該如何看損益表，而他們的確有顯示出獲利，卻還是面臨了存亡危機。他們的供應商將無法在時間內

得到付款，接著他們會越來越付不出帳單。我看到了這個問題，但他們卻看不見。

唐恩：為了公司的計畫目標，創業家應該如何看待他們的資產負債表呢？

諾姆：在擬定一份年度預算書的時候，應該要包含資產負債表的控管以及該申請多少貸款。大部分的公司都會預測下一個年度的營收還有淨利，我沒說錯吧？同時，你也需要持續追蹤流動資產以及流動負債之間的關係，而且在這個比例開始失控的時候趕緊處理。當然，你的供應商或許願意再等 60 天，但如果你一開始就有錢支付，那不是更好嗎？如此一來，你也不用撥出 400 通的催收電話了。為何不讓你的生活輕鬆一點呢？

該如何在失控時重新回到正軌

唐恩：諾姆，有這麼多創業家在他們發生危機時尋求你的協助。你是怎麼幫助他們的呢？

諾姆：第一件事就是想辦法解決眼前的難題，接著就是釐清問題發生的根源。如果你不處理問題的根源，問題就會一再重演，我將這種狀況稱為「土撥鼠日症候群」（意指一再重複上演）。你會發現，其實這些創業家並不了解公司的基本數字，所以看不到自己的處境。他們並不需要具備專業會計師的知識，但學習如何解讀財務儀表板應該是經營的第一步。在你教導他們這些之前，問題都無法真正的獲得解決。我甚至讓他們實際用鉛筆寫下資金預算，好讓他們了解這些數目字是從何而來，不准他們使用 Excel 軟體！

很多時候，創業者會帶著現金流的問題來諮詢我。我們可以解決這些問題。這些創業者需要檢視他們的銷售量，也需要開始在時間內回收應收帳款。我會教他們如何與債權人及供應商打交道，但這其實只能解決已經發生的問題。

　　創業者必須能了解公司的日常經營，以避免未來再度發生這些問題。他們必須能夠確實的追蹤例如銷售量、毛利、利潤以及收帳等關鍵指標。他們必須了解可以在哪裡找到這些資訊，並且該如何解釋這些數字。

　　唐恩：這麼一來，要學習的真的很多！有哪些資訊其實並沒有如此重要？

　　諾姆：創業者並不需要了解資產負債表中更複雜的部分，例如保留盈餘、普通股以及特別股。但是驅動公司日常營運的那些部分，就應該深植於他們的腦海。這其實並不難，大部分創業者都可以在幾個小時內就學會所需要了解的內容。這也並不是年齡的問題。我和在大學時期就開始創業的年輕人談過，而他們其實不懂這些。創業已經很難了，有這麼多事情是你無法掌控的，所以為何不開始好好了解那些你可以掌控的部分？如果你可以看懂並理解財務儀表板，就可以增加公司存活的機會。

● 　 ● 　 ●

　　諾姆的想法完全正確。學習理解你的財務儀表板並不難，但這對你的公司成敗卻至關重要。

▍第10課重點整理▍

- 請學會解讀你的財務儀表板。如果你是一位創業家，這就是你應該做到的。
- 請了解實現收付制以及權責發生制兩種會計方式的差異。你必須能看到全局。
- 別只顧著追趕營收，卻忽略了公司是否可以拿到客戶付款。
- 請學會該如何就付款條件及期限的議題交涉溝通，以及該如何催收應收帳款。

- 在談生意的時候就應該要同時談妥付款條件，而非在談成生意之後。

- 現金流量表就是王道。那就是公司的命脈，請好好徹底了解。

- 從資產負債表中的流動帳戶可以看出公司的財務是正在增強還是衰退。

- 別試圖逃漏稅。這將會是一項代價高昂的策略。

寫在最後

　　恭喜你成功讀完了這本書。諾姆‧布羅斯基曾說過，超過 90% 的創業家都不理解這本書的內容，但是現在你卻完全明白了。你所經營的中小企業，或者是你多年以來一直想經營的小公司，成功率已經大幅提高了。在開往成功的道路上，你已經學會該如何避免那些坑洞和懸崖了。

　　這本書的最大任務是藉由能帶來利潤成長、可行的商業模式，讓那些人才得以發揮創意和天賦。當公司得以生存並且興盛時，個人、家庭，以及各個社區也得以興盛。我曾經在超過上千位經歷過困頓掙扎、而現在已然找到自己出路的中小企業經營者身上，見證了這一點。他們學會了我在此與你分享的那些概念。親愛的讀者，我是多麼誠摯的希望你也能加入他們的行列。

誌謝

現在我才明白：在每一本書籍出版的背後，都有一群默默賦予這本書生命的勇士們。

法蘭西斯・佩爾茲曼・里西歐，妳是文藝復興的女神！如果沒有妳，這本書將永不見天日，妳就是這本書的幕後推手。我很幸運能夠認識到一群很棒的女人——莉莎・道森、黛比・英格蘭德、克麗斯汀娜・帕里希——謝謝妳們帶我找到美國經營協會（AMACOM, American Management Association）。

給資深企畫編輯鮑伯・諾金：鮑伯，謝謝你信任我的企畫，並且一直不離不棄陪著我到這本書完成。你努力和每一課搏鬥，讓這本書更好。你的耐心和洞見，對一個新手作者來說是不可多得的禮物。

給我的文字編輯，親愛的黛比・波斯納，謝謝妳一直用高標準來檢視我。認識妳讓我進化成更好的思想家、作家和教師，妳對細節的重視程度和接受我偶爾的搞笑，成就了這本好書。同時，妳也讓這磨人的出書過程充滿樂趣。

麥可・希維利和整個製作團隊，謝謝你們的投入和創意，將這份手稿蛻變成一本受大眾歡迎的好書。

榮恩・布卡羅，你的插畫真是天才之作，為艱澀的題材賦予嶄新的個性，幫助讀者更深入理解。當大家都忙著大笑時，就會忘了對數字的恐懼。和你這樣的專業人士共事，真是無上至樂。

琳恩・羅珊斯基博士，謝謝妳認同我的職責就是讓小企業也能學會財務語

言。謝謝卡蘿・海悅介紹我們認識。我要感謝這本書的保母，蘇珊・羅安，還有克服萬難終於讓本書企畫過關的艾莉森・埃莫汀。

給我的助理教務長伊娜・古米，謝謝妳在我油盡燈枯、筋疲力盡時給予的鼓勵。給安東尼・布萊德利博士，謝謝你在五年來不斷的激勵我，讓我一舉達陣。賈桂林・格蕾，謝謝妳在我職涯最艱辛的 15 週，鼓勵我向前邁進。瓦蕾莉・克曼・莫里斯，謝謝妳不斷鼓勵要我放鬆，並且一直相信我可以對這個世界有所貢獻。

裘蒂・伍德，妳在「給數字恐懼者的財會課」的初期講座時所給予的鼓勵是難能可貴的禮物。妳教會我如何專注，而我也學會了。給維多利亞・艾維斯、葛塔・哈根、依涅德・卡爾佩、妮娜・考夫曼、亞歷山卓・普利特、蘿拉・瑞迪以及麥可・佐查克，你們打從一開始就相信我，並且願意當我的忠實粉絲。我也好愛你們。

給我的啦啦隊們——駱琳・克拉克、菲利普・克萊門、露西・迪維斯米、瑪莎・賀斯勒、喬安・海莉、馬琳妮・哈克斯、羅茲・科洛尼、莫妮卡・穆勒卡拉・魯德、安娜・倫德里以及蜜雪兒・杜那——你們的禱告幫助我撐過了這場無法預期的旅程。給 Applegate Group 的 CEO 珍・艾伯蓋特、Basement Systems 的 CEO 賴瑞・珍斯基，以及滙豐銀行的資深副總艾波・佛蓋拉——在這個充滿競爭的世界中，你們就是誠信和耐力終能制勝的證明。

在此特別感謝諾姆・布羅斯基，謝謝你為本書提供卓見，花費了那麼多時間。因為有你的付出，替本書增色不少。

李・韓立和艾利・韓立，你們對我的熱情是世界一等一的。認識你們並有機會和你們合作是我的榮幸，我永遠發自內心的感謝你們。

給我在國王學院（The King's College），以及我透過考夫曼培訓計畫（Kauffman FastTrac® Program）才有機會輔導的紐約市萊聞學院（Levin Institute）的上百位學子們，你們對我的啟發，我都暗暗融入這本書的內容了。

給上帝，謝謝你用腳踝骨折當作試煉，讓我有機會靜下心來在最短時間內完成這本書。

謝謝我的父母，比爾和克麗斯汀，你們陪我走過年少無知時的那段瘋狂歲月，如果沒有你們，我絕不可能成功。

最重要的是，謝謝你們，我親愛的讀者，謝謝你們願意給這本書一個機會。我期望你們終能把握住那份一直在等待的成功。

詞彙表

3 畫

三十日期限（net 30 days）：付款期限的行話，代表在下訂單之後的 30 天內需要付款。

4 畫

不動產抵押貸款（mortgage）：一般而言需要數十年才得以連本帶利付清的長期負債。

毛利（gross margin）：能夠用以支付公司所有營業開銷的總利潤，其計算公式是將營收扣除掉銷貨成本。

毛利率（gross margin percentage）：能顯示公司所得到的每一塊錢營收當中，有多少百分比可以成為毛利（尚未扣除費用的利潤）。

$$毛利率 = 毛利 \div 營收 \times 100$$

5 畫

付款條件（terms of payment）：明言在什麼條件下可有折扣，以及應在什麼時間付清款項。

6 畫

存貨（inventory）：已製造完成或已經購入，但還沒有賣出去的產品；其資產價值等同於其製造成本或購入成本。

收付實現會計制（cash basis accounting）：一種在收到客戶端的付款以及當使用現金付帳時才會認列的會計方式。營收以及費用一直要等到有實際現金交易時

才會被認列在損益表當中。

7 畫

利息費用（interest expense）：為短期負債（例如借款或信用貸款）所支付的利息。

利潤（bottom line）：指損益表的最後一行，請參閱「淨利」。

折舊（Depreciation）：一件資產的總價值在該資產的有效年限期間，每一年會被扣除部分價值，直到購入時的原始價值被全數折舊完畢。

沉沒成本（sunk cost）：一筆並沒有達到任何效益，而且永遠無法被挽回的費用。

8 畫

固定費用（fixed expenses）：不會因為銷售量的多寡而改變的費用，例如房租及保險。

固定資產（fixed asset）：需要超過 12 個月才能夠轉換成現金的資產，例如建物、土地、設備、電腦以及家具。

抵押品（Collateral）：為取得貸款而拿來抵押的資產；一旦公司違約無法償還貸款，其抵押品可以被轉換為現金以償債。

股東往來（investor's draw）：請見「業主往來」。

股東權益（shareholder's equity）：請參見「業主權益」。

股權投資（equity investment）：公司業主或股東在創立公司時，以及往後的日子當中所投入的資本，會被認列在資產負債表的股東權益欄位中。

保留盈餘（retained earnings）：公司自開業至今所賺取的所有累計淨利，扣除掉已經支付的股利或是業主（股東）往來。

9 畫

流動比率（current ratio）：衡量短期流動性的指標，讓你了解公司是否有足夠

的可動用現金以支付其短期負債：

$$流動比率 = 流動資產總額 \div 流動負債總額$$

流動負債（current liability）：公司必須在 12 個月內清償的債務；包括應付帳款、應付票據以及應付未償信貸。

流動資產（current assets）：現金（銀行帳戶、貨幣基金或定存單）以及可以在 12 個月內被轉換成現金的應收帳款（須付給公司的金額）以及存貨。

負債／債務（liabilities）：公司所積欠，需要在當下或未來償還的債務。

10 畫

財務儀表板（financial dashboard）：在經營公司時需要了解的三個儀表──即你的損益表、現金流量表以及資產負債表。對於公司獲利與否、在帳戶中持有多少現金以維持公司營運、以及在某一特定時間點的公司整體穩健度，這些財務報表都能夠提供至關重要的資訊。

11 畫

商譽（good will）：在台灣出現在資產負債表中的一種資產，反映出品牌的商業價值。

帳齡報告（aging invoices report）：一份羅列所有尚未被付清的請款單的報表，其應列出每一張請款單的付款到期日、提交出請款單已經過天數、每一張請款單的金額，以及該請款單的客戶。

淨～（net）：會計上的常用語，代表扣除費用之後的金額。

淨利／淨收益／純益（net income）：在支付所有的費用（銷貨成本以及其他變動及固定費用）以及稅負後，公司得以保留的餘額，或寫成 net profit；bottom line。

淨利率／純益率（**net margin ratio**）：顯示損益表中的第一項（營收）與最後一項（淨利）之間的關係。

$$淨利率 = 淨利 ÷ 營收 × 100$$

淨值（**net worth**）：請參見「股東權益」。

現金流入（**Cash In**）：在現金流量表中認列所有流入公司的現金的科目，或稱現金收入（Cash Received）。

現金流出（**Cash Out**）：在現金流量表中認列所有流出公司的現金的科目，或稱現金支出（Cash Expenses）。

現金流量表（**Cash Flow Statement**）：測量流入以及流出公司的現金的財務報表；當月的期末現金會成為下一個月的期初現金。

12 畫

透支保障（**overdraft protection**）：在支票帳戶的信用貸款額度，必須每月清償；對公司而言，在得以還清之前這都是一項債務。

速動比率／速動比（**quick ratio**）：用以衡量公司短期內的流動性；因為會將分子的流動資產扣除掉存貨，只保留現金及應收帳款，所以比起流動比率是一個更為保守的估算方式。

$$速動比率 = （現金＋應收帳款）÷ 流動負債總額$$

單位成本（**unit cost**）：製造出一件可被銷售的產品所需要的直接材料以及人工成本，無論該產品是否有被賣出。請參見「銷貨成本」。

單位淨利（**net margin**）：每單位營收減去每單位直接變動費用（銷貨成本）以及每單位間接變動費用（營運費用）。

期末現金（**Ending Cash**）：在月底時公司帳戶當中所持有的現金，以期初現金為基礎，加入當月客戶付款以及扣除各項費用之後的金額；當月的期末現金也就是下個月的期初現金。

期初現金（**Beginning Cash**）：在尚未計入當月的收支之前，公司帳戶在月初所持有現金的總額；其數目等同於上個月月底的期末現金。

稅前盈餘（**earnings before tax, EBT**）：在扣除掉各項賦稅之前的營業利益。

13 畫

業主往來（**owner's draw**）：對於單一業主（獨資）或以合夥型態經營的公司，除薪資以外，業主得依法動支公司款項來支付酬勞給自己。其被歸類為收入所得，並且須依法課稅。或稱 investor's draw。

業主權益（**owner's equity**）：公司的淨資產價值；代表公司所擁有的資產與應償還債務之間的差異。或稱 shareholder's equity；此金額也就是公司淨值。

債券（**bond**）：通常指的是一項長期貸款工具，其界定借款人與貸款人之間的正式借貸關係，約定某特定債務的借貸金額及償還條件。對於貸款方而言是一項資產（應收帳款），而對於借款方而言是一項債務（應付帳款）。

損益平衡單位數量（**breakeven unit volume**）：正好能夠達到損益平衡點的銷售數量，也被稱之為損平量（breakeven volume）或損益平衡點數量（breakeven point volume）。

損益平衡點（**breakeven point**）：一家公司的收支剛好「打平」的點，其淨利既不是正數也不是負數，而是剛好為零，表示其營收正好足以支付其所有的固定及變動費用，也代表公司具有穩定獲利的潛力。

損益表（**Net Income Statement**）：能夠揭露出公司是否有利潤或是虧損的財務報表。也寫成 Income Statement，也叫做損益計算書（Profit and Loss Statement；P&L）。

資產負債表（Balance Sheet）：記錄公司自創立至今所欠下的所有貸款、債務或虧損，以及公司持有的所有資產以及公司淨值的財務報表。

預期需求（forecasted demand）：預期客戶會購買的產品或服務的數量。

14 畫

實際需求（real demand）：客戶真正購買的產品或服務數量。

賒銷收入（credit sales）：是指當客戶收到商品或服務時，公司允許客戶使用現金或約當現金，在未來的某個時間點才進行付款。

銷貨成本（Cost of Goods Sold〔COGS〕）：一項直接變動費用，意指與產品或服務的製造、採購或運送等相關的費用，包含所有的直接材料以及直接人工成本。請參閱「單位成本」。

16 畫

應付未償信貸（credit lines payable）：一般而言，代表得以重複動用的部分或全部的信用額度；當公司償還借款後，將可再度使用已清償的額度。

應付帳款（accounts payable；payables）：資產負債表當中的一項流動負債，一般都是來自供應商提交給公司而尚未結清的請款單，記錄著已經送達至公司的商品或已為公司完成的服務。

應付票據（notes payable）：須支付給投資人、供應商或是銀行的短期債務；源自於該票據的資金通常被用來支應現金缺口或建立存貨，且必須在 12 個月以內清償。

應付薪資（salaries payable）：員工已經賺到、但公司尚未支付的薪資。

應收帳款（accounts receivable; receivables）：資產負債表當中的一項流動資產，一般記錄了你公司在送達商品或完成服務後，提交給客戶的請款單。

應收帳款周轉率（accounts receivable turnover rate）：用以衡量公司收帳部門的效率，其顯示出在一年之內會回收多少次應收帳款。

$$應收帳款周轉率 ＝ 年度賒銷收入 \div 應收帳款$$

17 畫

營收／營收淨額（net revenue）：當月份在減去給客戶折扣後的銷售營業額。

營運資金（working capital）：將流動資產扣除流動負債。

總／毛（gross）：會計上的常用語，代表扣除費用或是折扣之前的金額。

21 畫

繼續經營（going concern）：一間經營得當、能夠自給自足並且沒有破產危機的公司；其擁有可預期的營收流量、合理的費用、在當下以及可見的未來足以支付其開銷的現金流量。

權責發生會計制（accrual basis accounting）：一種無論是否有使用到現金，都會在銷售以及費用發生的當下就將其認列的會計方式。在商品被運送出門時，或者向客戶提交請款單時，公司就會認列為營收，而不是等到真正收到付款時。同樣的，公司會在供應商或承包商的帳單及請款單付款日就認列為費用，而非等到公司付款時。

變動費用（variable expenses）：會因為銷售量的多少而變動的費用，例如銷售業績獎金以及行銷費用等。

財務報表，中小企業賺錢神器

本書曾於2016年以《會加減乘除就看得懂財務報表》書名出版

作者	唐恩·富托普勒
譯者	向名惠
商周集團執行長	郭奕伶
視覺顧問	陳栩椿
商業周刊出版部	
總編輯	余幸娟
責任編輯	林雲
封面設計	Javick
內頁排版	林婕瀅
出版發行	城邦文化事業股份有限公司 - 商業周刊
地址	104台北市中山區民生東路二段141號4樓
	電話：（02）22505-6789　傳真：（02）22503-6399
讀者服務專線	（02）2510-8888
商周集團網站服務信箱	mailbox@bwnet.com.tw
劃撥帳號	50003033
戶名	英屬蓋曼群島商家庭傳媒股份有限公司城邦分公司
網站	www.businessweekly.com.tw
香港發行所	城邦（香港）出版集團有限公司
	香港灣仔駱克道193號東超商業中心1樓
	電話：(852)25086231 傳真：(852)25789337
	E-mail：hkcite@biznetvigator.com
製版印刷	中原造像股份有限公司
總經銷	聯合發行股份有限公司 電話：(02)2917-8022
初版1刷	2020年7月
初版3.5刷	2023年8月
定價	台幣360元
ISBN	978-986-5519-12-4（平裝）

ACCOUNTING FOR THE NUMBERPHOBIC: A SURVIVAL GUIDE FOR SMALL BUSINESS OWNERS by DAWN FOTOPULOS
Copyright © 2014 by DAWN FOTOPULOS
This edition arranged with HarperCollins Leadership through Big Apple Agency, Inc., Labuan, Malaysia.
Complex Chinese edition copyright © 2020 by Business Weekly, a Division of Cite Publishing Ltd.
All rights reserved.

國家圖書館出版品預行編目(CIP)資料

財務報表，中小企業賺錢神器 / 唐恩.富托普勒（Dawn Fotopulos）著
; 向名惠譯. -- 初版. -- 臺北市：城邦商業周刊, 民
面；　公分.
譯自：Accounting for the numberphobic : a survival guide for
　　small business owners
ISBN 978-986-5519-12-4（平裝）
1.財務報表　　2.財務分析　　3.中小企業
495.47　　　　　　　　　　　　　　　109007769

金商道

The positive thinker sees the invisible, feels the intangible,
and achieves the impossible.

惟正向思考者，能察於未見，感於無形，達於人所不能。 ── 佚名